REDLINE | VERLAG

Christian Schmid
Rubén Alvarez Barrera

FEIER ABEND BOSS

Unabhängig mit Nebeneinkommen – 33 praktische Side Hustles für mehr persönliche Freiheit

Der Weg zu deinem Fuck-You-Money!

Bibliografische Information der Deutschen Nationalbibliothek
Die Deutsche Nationalbibliothek verzeichnet diese Publikation in der Deutschen Nationalbibliografie. Detaillierte bibliografische Daten sind im Internet über http://dnb.d-nb.de abrufbar.

Für Fragen und Anregungen
info@redline-verlag.de

1. Auflage 2022

Türkenstraße 89
D-80799 München
Tel.: 089 651285-0
Fax: 089 652096

Redaktion: Christiane Otto
Umschlaggestaltung: Karina Braun
Umschlagabbildung: Shutterstock.com/Visual Generation, SurfsUp
Satz: ZeroSoft, Timisoara
Druck: CPI
Printed in the EU

ISBN Print 978-3-86881-885-7
ISBN E-Book (PDF) 978-3-96267-416-8
ISBN E-Book (EPUB, Mobi) 978-3-96267-417-5

INHALT

VORWORT

»Wer die Willenskraft besitzt, immer wieder Nein zum Konsum und Ja zum Investieren zu sagen, der ist auf dem Weg zum Fuck-You-Money. Kaufe keinen Schwachsinn und lege dein Erspartes so an, dass es für dich arbeitet. Fuck-You-Money ist wie ein Burggraben, den du um dein Leben ziehst. Es ist deine Festung, in die du dich immer zurückziehen kannst. Es ist nicht kompliziert, diese Festung zu bauen, aber es erfordert mehr Disziplin, als der Durchschnitt hat.«

Christian Schmid, Rubén Alvarez-Barrera

Ein Feierabendboss baut sich diese Festung auf. Mit jedem Nebeneinkommen, das sie oder er zur Seite legt und investiert, wächst seine Fähigkeit, Fuck You zu sagen. Warum sollte jemand diese Fähigkeit haben?

Die Regierung ändert mal wieder ihre Meinung und bestimmt, dass du bis 70 malochen musst. »Nö, mach' ich nicht!«

Du schleppst dich nur noch ins Büro, weil die Arbeit immer bürokratischer und sinnloser wird? »Fuck You and Bye-bye!«

Das erste Kind ist auf dem Weg, und du möchtest es nicht nur zum Abendessen sehen? »Ich fahre meine Stunden runter!«

Fuck You hat viele Gesichter! Fuck You ist für jeden eine andere Spielart der Freiheit.

Trotzdem hat der Begriff Nebeneinkommen in Deutschland für viele einen negativen Touch. Nach dem Motto: Wer braucht schon ein Nebeneinkommen, wenn er ordentlich verdient. Wie siehst du das?

Die Antwort auf diese Frage wird darüber entscheiden, wie du dieses Buch für dich nutzen kannst. Wer denkt, dass Nebeneinkommen nur etwas für Schüler, Studenten oder Rentner sind, der sollte den ersten Teil des Buchs unbedingt lesen. Denn die Faktenlage wird dich wahrscheinlich überraschen. Selbst wenn du aktuell gut verdienst, wirst du dich spätestens im Rentenalter nach einem Nebenjob umschauen müssen …

Wer ohnehin schon ein Fan des Side Hustles ist und weiß, wie wenig staatliche Altersversorgung ihm droht, der könnte die ersten Kapitel überspringen. Anmerkung: Wir benutzen das englische »Side Hustle« und den deutschen Begriff »Nebeneinkommen« als Synonyme.

Ohne zu esoterisch zu werden: Die innere Einstellung zum Nebenverdienst kann dich auf die Überholspur bringen oder dazu führen, dass du irgendwann mit Warnblinkanlage auf dem Seitenstreifen stehst. Wir schauen uns das Thema in den ersten

Kapiteln daher von vielen Seiten an, um dich endgültig von der Attraktivität von Nebeneinkommen zu überzeugen.

Ein Nebeneinkommen kann nämlich auch dein Ticket in die finanzielle Freiheit sein. Viele Unternehmen wurden nebenbei gegründet. Wer etwas nebenher startet, kann sich viel unabhängiger entscheiden und hat einen längeren Atem als jemand, der mit einer Unternehmensgründung alles auf eine Karte gesetzt hat.

Über einen Side Hustle kann man auch »Unternehmerluft« schnuppern, Blut lecken. Man wird sein eigener Herr, wird Feierabendboss! Wahrscheinlich wird dir das so gut schmecken, dass du mehr davon möchtest. Serial Side Hustler sind keine Seltenheit.

Für manche ist das Nebeneinkommen noch etwas anderes: Es ist der lang gehegte Traum, der vielleicht wegen einer Familiengründung oder der Hypothek hinten angestellt wurde. Für den einen ist es der Traum von der großen Leinwand, an den er sich als Komparse beim Film herantastet. Für eine andere ist es die Tierliebe, die sie als Dogwalkerin ausleben kann.

Wieder andere stehen noch am Anfang ihres Berufslebens und möchten sich gerne vielfältig ausprobieren. Für sie ist ein Nebeneinkommen die Chance, auf verschiedenen Hochzeiten zu tanzen, die Chance, das Studium zu finanzieren oder einen anderen Lebenstraum zu subventionieren.

Es gibt wirklich viele gute Gründe, Feierabendboss zu werden. Manche sind wirtschaftlich, andere sind emotional. Wenn wir dich mit diesem Buch inspirieren, etwas nebenher zu starten, dann haben wir unsere Mission erfüllt.

Wir sind uns aber auch bewusst, dass dieses Buch nicht für jeden interessant ist. Wer nicht bereit ist, sich mit wirtschaftlichen Zusammenhängen auseinanderzusetzen, dem wird dieses Buch nicht gefallen. Wer an der Utopie des ewigen Wohlstands festhalten möchte oder tatsächlich glaubt, dass der Staat dazu da ist, uns alle gleichmäßig zu versorgen, der wird sich in unserem Buch auch nicht wiederfinden. Ohne die Bereitschaft, sich finanziell zu bilden, geht es leider nicht.

Im Mittelteil des Buchs findest du ein reichhaltiges Buffet an Ideen für Nebeneinkommen. Ganz konkret, praktisch und erprobt. Es sollte wirklich für jeden, der Feierabendboss werden möchte, etwas dabei sein!

Abschließend noch ein formaler Hinweis. Uns ist bewusst, dass unsere Leser nicht alle bei allen Themen auf demselben Wissensstand sind (das wäre ja auch langweilig). Deshalb und weil es auch den Rahmen dieses Buches sprengen würde, können wir manche Dinge nur überblicksweise darstellen und nicht immer alle Begrifflichkeiten erklären. Wir bitten in diesem Punkt um dein Verständnis. Zum Glück lassen sich die meisten Dinge heutzutage ja über eine schnelle Google-Suche herausfinden.

Wer außerdem gerne noch mehr über uns und unsere Arbeit erfahren oder sich unsere, teilweise auch in diesem Buch erwähnten, Interviews anhören möchte, dem empfehlen wir unseren Podcast: https://nein2five.de/blog/. Wir freuen uns über jeden Hörer!

TEIL 1:

HINTERGRÜNDE UND THEORIE

IST EIN NINE-TO-FIVE-JOB WIRKLICH ALTERNATIVLOS?

»Es gibt keine schlimmere Armut als die Unwissenheit!«

Türkisches Sprichwort

Wir Menschen sind Meister des Verdrängens. Was uns im Augenblick nicht als notwendig erscheint, verschieben wir auf die Zukunft. So ist es auch mit der Altersvorsorge. Heute scheint sie nicht existenziell notwendig, im Alter dann schon. Nur dann ist es leider zu spät ...

Die Situation der gesetzlichen Rente in Deutschland ist katastrophal. Die Lebenserwartung steigt, unsere Gesellschaft altert, und schon heute muss die gesetzliche Rente mit Steuergeldern massiv subventioniert werden. Das könnte man als alarmistisch abtun. Ehrlich gesagt haben wir das Ausmaß der Löcher, die dieses Rentensystem jetzt schon aufweist, unterschätzt. Als wir uns für eine Podcast-Folge vorgenommen haben, den jährlichen Rentenbescheid zu sezieren, haben uns die Fakten aus den Socken gehauen.

Um es ganz deutlich zu sagen: Der Rentenbescheid lügt nicht, er macht sich noch nicht einmal der »Lüge durch Auslassung« schuldig. Er ist nur genauso geschickt wie ein Trickbetrüger darin, unsere Aufmerksamkeit zu lenken. So verharren viele Bundesbürger in der Illusion, dass im Grunde alles in Ordnung sei. Die Politik kann bei diesem Thema nur verlieren und schweigt daher vornehm. Auch die entsprechenden Behörden engagieren sich nicht, den Sachverhalt wirklich aufzuklären. Es bleibt bei einem jährlichen Rentenbescheid, den die meisten wahrscheinlich ungelesen und frustriert abheften.

Wenn man fragt, behaupten viele Menschen immer noch: Der Staat wird sich schon um seine Senioren kümmern!

Leider ist das nicht so. Warum genau, darauf gehen wir gleich ein, wenn wir den Rentenbescheid unter die Lupe nehmen. Wir haben uns aber auch gefragt: Woher kommt unsere Staatsgläubigkeit? Woher kommt das fast blinde Vertrauen in die staatlichen Versorgungssysteme?

Viele Menschen scheinen immer noch zu denken: Der Staat kann es besser, weiß es besser. Sorry, dass wir es so deutlich sagen müssen: Nein, am Ende des Pornos wird nicht geheiratet!

Es ist schon faszinierend. Wir haben Menschen erlebt, die – obwohl die Fakten auf dem Tisch liegen – das Rententhema einfach abtun. Wie Kinder, die die Hände vor die eigenen Augen legen und denken, so dann nicht gesehen zu werden. Es gibt Studien, die nahelegen, dass sogar jeder Zweite in Deutschland die Rentenlücke einfach ignoriert. Das kann man sich mal auf der Zunge zergehen lassen.[1]

Liegt es an der geringen emotionalen Bereitschaft, sich mit dem Thema »Alter und Finanzen« auseinanderzusetzen. Sind Gedanken an die Zeit nach dem 50. Geburtstag einfach zu unsexy? Oder ist die Karotte »sichere Rente«, die uns Arbeitstieren immer das Nine-to-five-Dasein versüßen sollte, im Begriff zu verfaulen. Sie scheint zumindest bei der Generation Z nicht mehr wirklich als Leckerli zu funktionieren.

Oder ist es vielleicht unsere Konditionierung, die schon in der Schule anfängt? Die Alternativlosigkeit, mit der uns Politiker, Lehrer und Journalisten das Arbeiten von nine to five und von 25 bis 67 verkaufen? Dass sie so handeln, ist irgendwie auch nachvollziehbar, denn sie kennen ja auch nur ihr eigenes Dorf und haben es noch nie gewagt, jenseits der Berge zu reisen. Der Sog des Mainstreams ist stark, und die Menschen, die anders leben, freier leben, gehören eben in aller Regel nicht zur Kaste der Lehrer und Politiker. Es ist ein in sich geschlossenes System, das aus der Innensicht tatsächlich als alternativlos erscheint. Sie sind auch nur Gefangene des Systems. Ein System, dessen MHD bald abgelaufen ist.

Wir haben für eine Episode einmal untersucht, wie Unternehmer in den großen Medien dargestellt werden, und haben dabei eine Statistik zu Rate gezogen, die untersucht, wer in der legendären ARD-Reihe *Tatort* am häufigsten mordet.[2] Auf Platz 1 der Mörder sind die Unternehmer! Mit großem Abstand, sogar noch weit vor den Berufskriminellen. Bizarr, oder? Diese Darstellung hat überhaupt keinen Bezug zur Wirklichkeit, prägt aber natürlich unbewusst das Bild des Fernsehzuschauers vom Unternehmertum.

Verallgemeinernd gesagt: Sowohl die öffentlich-rechtlichen Medien als auch die Politik möchten nicht, dass du Unternehmer oder finanziell unabhängig wirst. Sie sind voller Neid und negativer Vorurteile gegenüber dieser Personengruppe. Viele Minderheiten können mittlerweile in Deutschland »Opferstatus« beanspruchen, nur die Minderheit der Unternehmer nicht. Dabei machen sie rund 99 Prozent der volkswirtschaftlichen Produktivität aus.[3] Das eine restliche Prozent besteht aus den Konzernen, denen fast die gesamte positive Aufmerksamkeit der Politik zukommt. Konzerne sind »systemrelevant« und können sich Lobbyisten leisten, das kleine IT-Unternehmen oder die Gastronomie können das nicht.

Konzerne haben aus staatlicher Sicht auch noch den Vorteil, dass sie anonyme Arbeitgeber für abhängig Beschäftigte sind. Der abhängig Beschäftigte ist die Melkkuh, er hat steuerlich keine Spielräume, er ist gläsern. Er ist aus der Sicht der Politik der ideale Bürger.

Es ist bestimmt auch nicht hilfreich für die finanzielle Gesundheit, dass man heute so leicht an Geld kommt. Kredite und Kreditkarten sind allgegenwärtig und erzählen uns die Mär vom Geld aus dem Automaten. Sie lullen uns ein und machen uns glauben, dass der Tag der Abrechnung niemals kommt.

Manche sind auch ideologisch überzeugt, dass der Staat alleine für ihre finanzielle Versorgung verantwortlich ist. Wenn sie gewahr werden, dass es eine enorme Versorgungslücke im Alter gibt, sagen sie: »Dann müssen die sich halt was einfallen lassen! Dann gibt es halt ein bedingungsloses Grundeinkommen oder die Bürgerrente!« Nach dem Motto: Papa wird's schon richten!

Leider sind unsere Politiker auch denkbar schlechte Vorbilder. Sie setzen sich viel zu oft über die wirtschaftliche Ratio und Grundlagen der Volkswirtschaftslehre hinweg und gaukeln uns eine falsche Sicherheit vor. Sie behaupten, dass es völlig in Ordnung sei, immer weiter Schulden zu machen. Sie erfinden immer neue Begriffe und Konzepte, um so zu tun, als könnte man aus Scheiße Gold machen. Fake scheint leider der neue politische Standard zu sein.

Wer sich dieses Buch gekauft hat, weiß sehr wahrscheinlich, dass das vorgegaukelte Schlaraffenland aus dem letzten Loch pfeift. Wer dies hier liest, der hat die rosarote Brille abgesetzt und ist sich darüber im Klaren, dass an der eigenen finanziellen Zukunft gearbeitet werden muss. Denn der deutsche Wohlstand war eine historische Episode, und wir sehen gerade, wie die Sozialsysteme vor unseren Augen abgewickelt werden.

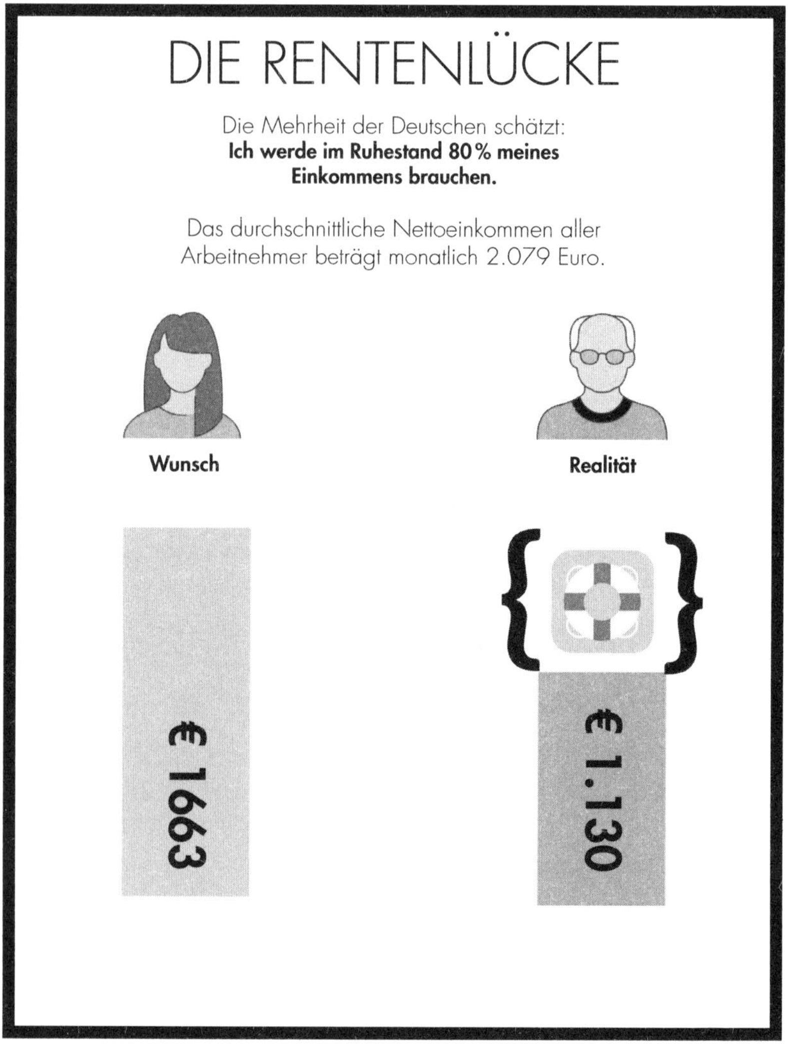

Mit Rentenlücke (auch Versorgungslücke) wird in der Regel derjenige Prozentanteil bezeichnet, um den das letzte monatliche Nettoeinkommen vor Renteneintritt die gesetzliche Altersversorgung übersteigt.

Wir kommen leider nicht darum herum, euch nun etwas mit bürokratischen Details zu langweilen. Seht es so wie eine eiskalte Dusche: Schön ist es im ersten Moment vielleicht nicht, aber danach werdet ihr hellwach sein. Denn nur wer den Tatsachen ins Auge sieht, hat überhaupt eine Chance auf eine gesunde, finanzielle Zukunft.

Grundsätzliches vorab: Die gesetzliche Höchstrente ist lediglich ein rechnerischer Wert, den nur jemand erreichen könnte, der mindestens 45 Jahre lang den höchsten Beitragssatz in die gesetzliche Rentenversicherung eingezahlt hat.

Die Höchstrente erhält ein Rentner, der 45 Jahre lang durchgehend ein Gehalt in Höhe der Beitragsbemessungsgrenze erhalten hat. Die meisten haben aber zumindest während ihrer Ausbildung und in den ersten Berufsjahren niedrigere Einkünfte. Viele zahlen in ihrem gesamten Berufsleben nie den Höchstsatz in die Rentenkasse ein.

Die Rentenformel gibt einen Anhaltspunkt. Die Formel zur Berechnung der Altersrente lautet:

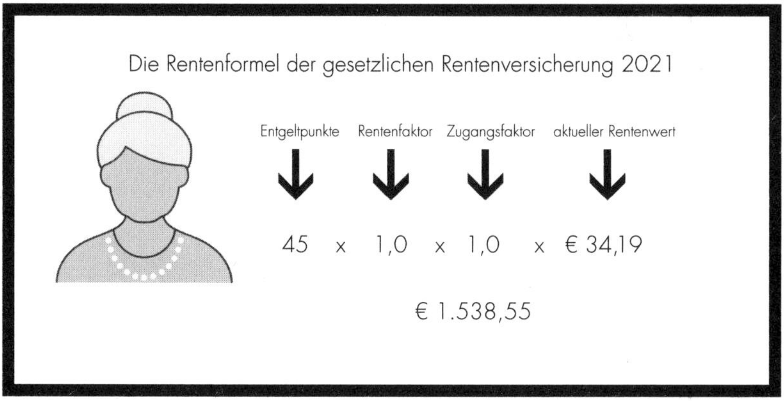

Entgeltpunkte x Zugangsfaktor x aktueller Rentenwert x Rentenartfaktor

Der Rentenwert beträgt derzeit 34,19 Euro (im Westen, Stand Juli 2021). Der Zugangsfaktor ist 1, wenn man zur Regelaltersgrenze in den Ruhestand geht, es also keine Abzüge wegen vorgezogener Rente gibt.

Der Rentenartfaktor richtet sich, wie der Name vermuten lässt, nach der Art der Rente: Altersrente 1,0; Rente wegen voller Erwerbsminderung 1,0; wegen teilweiser Erwerbsminderung 0,5; große Witwen-/Witwerrente 0,55; Vollwaisenrente 0,2

Daher sind die Entgeltpunkte der Dreh- und Angelpunkt der Berechnung. Die Entgeltpunkte haben aber eine Höchstgrenze. Teilt man die Beitragsbemessungsgrenze von 85.200 Euro im Jahr (im Westen, Stand 2021) durch das Durchschnittsentgelt von 41.541 Euro (geschätzt) , ergibt dies für 2021 eine Höchstpunktzahl von 2,05 Entgeltpunkten.

Angenommen, man erreicht in jedem seiner 45 Arbeitsjahre 2,05 Entgeltpunkte. Die Summe von 92,25 Entgeltpunkten multipliziert mit dem derzeitigen Rentenwert von 34,19 Euro ergäbe eine rechnerische Höchstrente von 3.154,03 Euro im Monat.

In den vergangenen Jahrzehnten lag die Höchstgrenze an Entgeltpunkten jedoch mit 1,5 bis 2,1 Entgeltpunkten zum Teil weit darunter. Daher ist diese »Höchstrente« für fast niemanden erreichbar.

Von einem solchen Wert sind die deutschen Rentner heute weit entfernt. Die Standardrente eines »Eckrentners«, der 45 Jahre Beiträge für ein Durchschnittsentgelt eingezahlt hat, beträgt im Westen 1.538,55 Euro (Stand Mitte 2021).

Im bundesweiten Durchschnitt erhält ein Rentner 1.103 Euro Rente im Monat und eine Rentnerin 712 Euro. Witwen- und Witwerrenten sind mit 484 Euro beziehungsweise 348 Euro noch wesentlich niedriger.

Außerdem scheidet in Deutschland derzeit jeder Zweite bereits früher aus dem Arbeitsleben aus, als es das gesetzliche Renteneintrittsalter

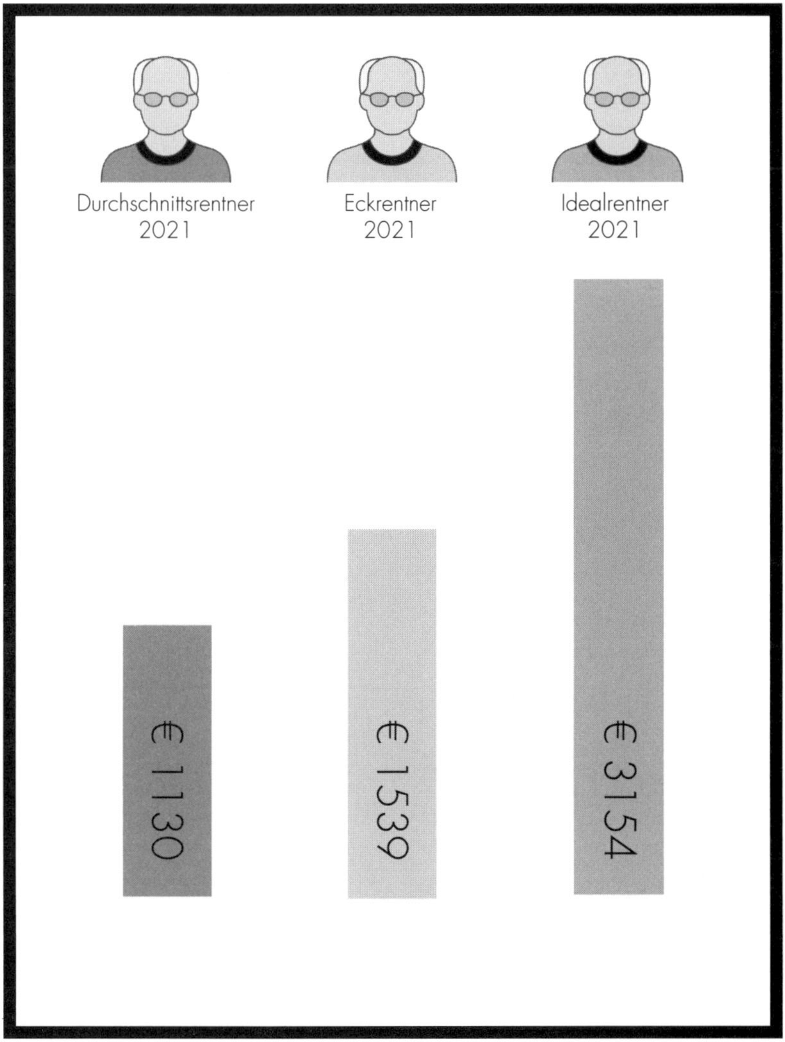

trittsalter eigentlich vorgibt. Und dies, obwohl die meisten genug Berufsjahre zusammen haben, um Anspruch auf eine Rente zu haben. Da das Regelalter für die Rente noch nicht erreicht ist, müssen dann Abschläge hingenommen werden. Insgesamt kommt der Durchschnittsdeutsche auf 40,6 Beitragsjahre. Die Beiträge zur

Kranken- und Pflegeversicherung sind davon bereits abgeführt, allerdings nicht die Einkommensteuer.

Das Problem ist also: Selbst bei fleißigem Einzahlen in die Rentenkasse wird die Rente wahrscheinlich klein sein. Damit aber nicht genug. Es gibt noch weitere Probleme, die nicht auf den ersten Blick erkennbar sind:

1. Die aktuell hohe Inflation nagt an der Rente.
2. Steuern und Sozialabgaben sind nicht wirklich planbar.
3. Es gibt keine Besitzstandswahrung, das heißt Regelungen können im Nachhinein von der jeweiligen Regierung jederzeit geändert werden.

Wie gehen wir jetzt mit diesem Wissen um? Augen zu und weitermachen wie bisher? Besser nicht!

Im nächsten Kapitel gehen wir der Frage nach, wie es überhaupt soweit kommen konnte und was jeder Einzelne machen kann, um seine Situation zu verbessern.

DAS STAATLICHE SCHULSYSTEM SCHULT DICH ZUM ANGESTELLTEN

»Unser Schulsystem ist perfekt, wenn du Angestellter oder Beamter werden möchtest!«

Diese Kapitelüberschrift ist leicht zugespitzt. Wir möchten in diesem Kapitel darauf eingehen, wie prägend die Schule für die Denkweise junger Menschen ist und wie gefährlich diese Prägung im Hinblick auf das Arbeitsleben und die finanzielle Gesundheit sein kann.

Problem 1: Fehlerorientierung

Je weniger Fehler du in der Schule machst, desto besser sind deine Noten. Wer so dressiert wird, vermeidet Fehler auf Teufel komm raus. Im Zweifel also lieber passiv sein, denn dann macht man keine Fehler. Wer in größeren Organisationen oder in einer Behörde arbeitet, wird dieses Verhaltensmuster kennen. Beamtenmikado: Wer sich zuerst bewegt, hat verloren.

Diese Fehlervermeidungsmentalität ist das genaue Gegenteil von Kreativität, Kunst und Unternehmertum. Ist es wirklich nur ein Zufall, dass so viele erfolgreiche Künstler und Entrepreneure Schulversager waren?

Die Kreativen unter euch werden uns recht geben: Der kreative Prozess ist nichts anderes als das ständige Aussortieren von schlechten Ideen (»Fehlern«), um zu den besseren Ideen zu kommen. Viele Unternehmer beschreiben ihren eigenen Weg als einen Weg von Versuch und Irrtum. Den meisten Feierabendbossen geht es ebenso. Bei ihnen dreht sich alles um ausprobieren, analysieren, aussortieren.

Problem 2: Beamtentum

Nach unserer Lebenserfahrung ist die Verbeamtung von Lehrern falsch. Dafür gibt es mindestens zwei Gründe: Viele Beamte leben in einer Scheinwelt, denn sie genießen eine staatliche Vollpension. Sie leben außerhalb der normalen Gesetze der Marktwirtschaft, ihre Versorgung ist nicht von ihrer Leistung abhängig.

Das ist im Beamtenrecht tatsächlich so verbrieft und produziert eine verzerrte Weltsicht, die sich im Unterricht direkt und indirekt niederschlägt. Unternehmerisches Denken ist den meisten Beamten nicht nur soziokulturell fremd, es ist ihnen suspekt. Zum Glück gibt es Ausnahmen, so wie die mittlerweile leider verstorbene, ehemalige Realschullehrerin Beate Sander, die im Alter von 59 Jahren begonnen hat, sich am Aktienmarkt zu engagieren und so zur Millionärin geworden ist.

Der zweite Grund: Viele Lehrer wählen den Beruf nicht aus Leidenschaft und Liebe zur Pädagogik, sondern wegen der großzügigen Urlaubsregelung und der sozialen Absicherung. Sie sind so konditioniert oder eingestellt, dass sie im freien Wettbewerb nicht bestehen würden und suchen sich daher den sicheren Hafen der Verbeamtung.

Diese ängstliche Mentalität vermittelt den Schülern einen falschen Risikobegriff und entmutigt sie. Das ist keine gute Ausgangslage für angehende, mutige Unternehmer und Feierabendbosse.

Problem 3: Lehrer haben kaum finanzielle Bildung

Wie schon im Punkt 2 erwähnt: Beamte leben dank des Sonderstatus, den der Staat ihnen eingeräumt hat, in einem Elfenbeinturm. Sie zahlen selber nicht in die staatlichen Systeme ein, von denen sie profitieren.

Das ist übrigens auch ein Grund für die im ersten Kapitel beschriebene Versorgungslücke der normalen Arbeitnehmer. Beamte brauchen sich daher auch nicht mit Geldbildung zu beschäftigen. Sie bekommen ihr Gehalt überwiesen, so oder so. Wusstest du, dass ein Beamter nicht für seine Leistung, sondern für seine Existenz beziehungsweise Anwesenheit bezahlt wird? Ein Beamter kann niemals wegen mangelnder Leistung entlassen werden. Das ist das genaue Gegenteil von dem, was fast alle anderen Menschen in der Gesellschaft erleben. Allen voran jene, die ihr eigenes Ding machen.

Verbeamtete Lehrer können aufgrund ihrer eigenen Situation selten verstehen, dass Menschen in Altersarmut geraten können, wenn sie nicht selber vorsorgen. Sie können nicht verstehen, dass Engagement am Aktien- oder Immobilienmarkt für die meisten Nicht-Beamten heutzutage die einzige Chance ist, finanziell für das Alter vorzusorgen.

Lediglich **1,2 Prozent** der pensionierten Beamten haben weniger als 1.000 Euro im Monat zur Verfügung.

In der gesetzlichen Rentenversicherung liegen **56 Prozent** unter dieser Marke.

Problem 4: Schule unterrichtet für die Anstellung

Die Lehrpläne sind immer noch tief im letzten und vorletzten Jahrhundert verwurzelt. Schüler werden darauf getrimmt, gute Noten zu schreiben, um einen guten Job zu ergattern. Anpassung an das System wird belohnt, ausscheren wird bestraft. Dieses Konzept funktioniert für einige Schüler sehr gut.

Allerdings sehen auch diese Schüler sich einem immer stärkeren Wettbewerb um die abnehmende Anzahl »guter Jobs« ausgesetzt. Die gesellschaftliche Entwicklung geht dabei in eine andere Richtung: immer mehr Freelancer, immer mehr halb »wegdigitalisierte« Branchen.

Selbst die Industrien, die unser Land reich gemacht haben, bröckeln weg. Wir zehren volkswirtschaftlich noch von der Substanz, aber die Frage ist wohl, wie lange noch? Wer kann in diesen Zeiten schon sagen, wie die Arbeitswelt in zwei Jahren, geschweige denn 20 Jahren aussehen wird?

Problem 5: School kills Creativity

Wer das Video mit diesem Titel von Ken Robinson noch nicht kennt, sollte es sich unbedingt auf YouTube anschauen.[4] Unser Schulsystem stiehlt Kindern systematisch ihre Kreativität und nimmt ihnen damit eine Fertigkeit, die für ihre Zukunft und seelische Gesundheit so essenziell wäre. Denn ist Kreativität nicht die eine Fähigkeit, die die Künstliche Intelligenz wohl niemals ganz simulieren wird können?

Wir erleben also eine Kluft: ein Schul- und Rentensystem, das gefüttert und gemästet werden muss. Ein System, welches immer noch davon ausgeht oder zumindest propagiert, dass die Mehrheit der Schüler nach der Schule langfristig in einer Festanstellung landen werden. Und auf der anderen Seite wird die volkswirtschaftliche Wirklichkeit ausgeblendet, dass immer weniger Menschen langfristig in Festanstellungen beschäftigt sind.

Die Rechnung geht also offensichtlich nicht auf. Ein Ergebnis davon ist die erwähnte Versorgungslücke. Ein abstraktes Wort, dessen Inhalt einem erst dann bewusst wird, wenn man sich im Detail mit seinem Rentenbescheid beschäftigt. Was leider oft erst kurz vor dem Rentenbeginn passiert ...

RENTE RELOADED

»Reiches Land, arme Bürger. Diese kognitive Dissonanz ist unglaublich, aber leider wahr.«

Wie stehen wir Deutschen im Vergleich zu den europäischen Nachbarn in puncto Rente da? Wichtig für die statistische Messung des Werts von Rentenansprüchen ist eine sogenannte Ersatzquote. Das ist der prozentuale Anteil, den die Altersrente in Relation zum Einkommen in der Erwerbsphase erreicht.

Verblüffend ist, dass ein Land wie Deutschland, welches bis zur Corona-Krise Rekordumsätze erwirtschaftete, seine Rentner so erbärmlich versorgt. Denn bei uns bekommt der Medianverdiener je nach Berechnung zwischen 40 und 45 Prozent seines letzten Gehalts als Rente.[5] Das Motto scheint zu sein: Es ist zu viel zum Sterben (»Armutsvermeidung«) und zu wenig zum Leben (»Lebensstandardsicherung«).

Laut einer Studie der Ruhr-Universität in Bochum sollen bereits 70 Prozent Ersatzquote als Rentenbezug für eine nur annähernde Sicherung des Lebensstandards als viel zu niedrig angesetzt sein. Realistisch gesehen brauchen Rentner mindestens 87 Prozent, um einen sicheren Lebensstandard zu haben.[6]

Die Ersatzquote wird häufig als Verhältnis zwischen der Höhe der gezahlten Rente und dem letzten Arbeitsentgelt (kurz vor der Verrentung) ausgedrückt.

Andrea ist 30 Jahre alt und verdient als Berufseinsteigerin 3.000 Euro.

Sie arbeitet durchgehend bis zum Renteneintritt (aktuell 67. Lebensjahr) und verdient im Durchschnitt jedes Jahr 2 % mehr.

Rente: € 1.110.-

errechnet nach der vereinfachten Rentenformel

Hinter diesen Zahlen steckt geballte Ungerechtigkeit: Zum einen erhalten alle deutschen Rentner im Gegensatz zu den Pensionären viel zu wenig Geld. Zum anderen erhalten die Geringverdiener später fast gar keine Zuschüsse vom Staat – und darben dann in Altersarmut. Lohnarbeiter verbraten ihre Lebenszeit, buckeln sich krumm und füllen dabei anscheinend vorwiegend die Konten der Konzerne und Bundesministerien.

Andrea ist 30 Jahre alt und verdient als Berufseinsteigerin 3.000 Euro.

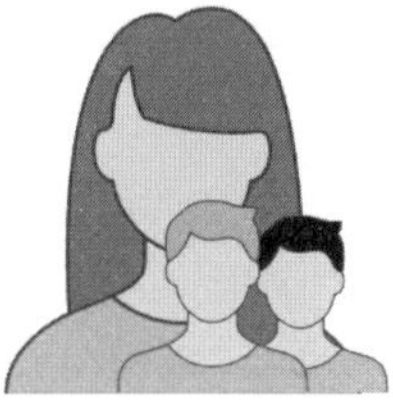

Andrea bekommt zwei Kinder und bleibt daher von ihrem 35. bis zu ihrem 40. Lebensjahr zu Hause. Im Anschluss arbeitet sie halbtags. Auch sie verdient im Schnitt jedes Jahr 2 % mehr.

Rente: € 555.-

errechnet nach der vereinfachten Rentenformel

Leider füllen Exportüberschüsse die Kühlschränke der arbeitenden Menschen nicht!

So liegt die Netto-Ersatzquote für einen männlichen Durchschnittsverdiener mit dem Renteneintrittsalter von 65 Jahren in Spanien bei 84 Prozent, in Italien bei immerhin 76 Prozent und in Griechenland bei ganzen 110 Prozent. In Griechenland bekommt man also mehr Rente als der Durchschnittsverdienst vor Rentenbezug.

In den Niederlanden beispielsweise bekommen Geringverdiener 101 Prozent und Durchschnittsverdiener 95 Prozent ihres früheren Einkommens als Rente. In Österreich erhalten Geringverdiener 93 Prozent und Durchschnittsverdiener 63 Prozent. Und in Deutschland? Hier bekommen Geringverdiener 53 Prozent und Durchschnittsverdiener 50 Prozent.[7]

Der Generationenvertrag setzt auf die Solidarität unter den Menschen und sollte auf zwei simplen Prinzipien beruhen. Erstens: Die Jüngeren und/oder Gesunden sorgen für die Älteren und/oder Kranken. Und zweitens: Die Reichen geben zumindest einen Teil ihres Wohlstands an die Armen weiter.

Das Merkwürdige ist ja, dass der Spitzensteuersatz von 42 Prozent in Deutschland sehr hoch ist. Die »Reichen« (wenn man denn ein Gehalt von 57.000 Euro brutto als »reich« bezeichnen möchte) müssen ja fast die Hälfte ihres Gehalts abgeben, aber das Geld versickert offenbar in den Taschen der Konzernlenker, Superreichen, Funktionäre und Beamten. Eine kleine Gruppe profitiert von der Enteignung einer großen Gruppe.

Die Bürgerinnen und Bürger sollen privat vorsorgen, die Regierung zieht sich zurück, bestraft aber dann die private Vorsorge. Menschen, die privat vorsorgen, müssen etwa bei Erwerbsunfähigkeit oder in Corona-Zeiten erst einmal ihr Erspartes aufbrauchen, bevor sie Anspruch auf staatliche Leistungen haben.

Aktien, die in unseren Augen ein sehr probates Mittel zur privaten Vorsorge sind, müssen heute schon mit mindestens 26,37 Prozent versteuert werden und in naher Zukunft durch die Finanztransaktionssteuer eventuell noch höher.[8]

Der Staat verliert zunehmend seine Legitimation, weil er einer seiner zentralen Aufgaben – nämlich der Versorgung der Menschen – nicht mehr nachkommt. Der Staat kümmert sich immer mehr um sich selber, zeigt sich aber gerne als der große Gönner. Die Soforthilfen für Solo-Selbstständige in der Corona-Krise sind dafür ein Beispiel. Alleine der Begriff führt schon in die Irre, da es für viele Entschädigungen waren und nicht Geschenke. Nach einem Jahr hat sich dann für viele Selbstständige gezeigt, dass die Gelder teilweise oder sogar ganz zurückgezahlt werden müssen. Das war für nicht wenige Freelancer und Selbstständige der Impuls, endgültig aufzugeben. Wie steht es wohl um die Altersvorsorge bei diesen Menschen?

Die Armutsrate der deutschen Rentnerhaushalte liegt 2019 bei 9,4 Prozent – in den Niederlanden beträgt diese Quote nur 2 Prozent.[9] Wenn du dir die Zahlen aus dem ersten Kapitel unseres Buchs vor Augen führst, wird klar, dass dieser Prozentsatz auf jeden Fall in den nächsten Jahren immer weiter steigen wird. In einem zynischen Satz zusammengefasst könnte man sagen: In der Bundesrepublik sind die fetten Jahre vorbei!

Aber was machen die Niederländer anders? Sie erhalten zum Teil mehr Rente, als sie netto im Berufsleben verdient haben. Die Niederländer nennen ihr Rentensystem das »Cappuccino-Modell«.

Die Niederländer und ihr »Cappucino Modell«

Wer meint, dass dem Getränk noch etwas fehlt, rundet es mit etwas **Kakao** in Form der privaten Altersvorsorge ab.

Der **Milchschaum** ist die betriebliche Altersvorsorge und die ist für alle Angestellten verpflichtend. Das sind immerhin 90 Prozent der Niederländer.

Kaffee ist praktisch die Grundversorgung:
Single-Rentner erhalten 70 Prozent des Mindestlohns. Dieser liegt in 2020 bei immerhin **1.653,60 Euro**.

Dropje voor dropje kwaliteit!

SCHÖNE NEUE ARBEITSWELT?

»Manche können es sich leisten, nur analog zu leben. Gehörst du zu dieser Elite?«

Im vorletzten Kapitel haben wir versucht zu zeigen, wie schlecht unser Schulsystem zur modernen Arbeitswelt passt. Dabei haben wir eine Dimension noch gar nicht angesprochen: die Digitalisierung. Wie rückständig unser Bildungssystem in dieser Hinsicht ist, hat uns auch die Corona-Krise deutlich gezeigt.

Niemand, der nicht gerade für die aktuelle Bundesregierung arbeitet, wird behaupten, dass wir als Land für die Digitalisierung gut aufgestellt sind.

Das Thema Digitalisierung wird einfach immer weiter auf Wiedervorlage gelegt, angepackt wird es nicht. Über die Gründe kann man nur spekulieren. Niemand möchte wohl für die Entlassungswelle verantwortlich sein, die eine E-Governance mit sich bringen würde. Was würde man mit den ganzen »überflüssigen« Beamten machen, die ja trotzdem weiterbezahlt werden müssten? Was würde der Steuerzahler und Wähler wohl sagen, wenn ihm das ganze Ausmaß der bürokratischen Dekadenz bewusst würde?

Ich, Christian, war beim Besuch einer Digitalkonferenz überrascht, wie offensiv man das Thema Recruiting in den Vordergrund gespielt hat. Software-Entwickler, UX-Designer und IT-Spezialisten können sich heute aussuchen, wo sie arbeiten.

Auch in anderen Branchen wird neuerdings händeringend Fachpersonal gesucht. Kneipen, Supermärkte und Pflegeheime verzweifeln schier, weil sie einfach keine Leute finden. Der Nachteil ist hier allerdings: Niedrige Einstiegshürden bedeuten eben auch niedrige Gehälter. Was wiederum dazu führt, dass man sich mit dieser Art von Job nicht wirklich eine finanzielle Zukunft aufbauen kann. Eine tragfähige Rente werden solche Anstellungen nicht produzieren.

Für die »unkündbare Generation« ist das ein theoretisches und maximal moralisches Problem, für die junge Generation ist es existenziell. Sie müssen schauen, wie sie über die Runden kommen. Die immer weiter steigende Inflation macht dies nicht gerade leichter.

Daher greifen die Motivierten nach jedem Strohhalm, um an einen gut bezahlten Job zu kommen. Sie hangeln sich von einem unbezahlten Praktikum zum nächsten, von einem befristeten Arbeitsvertrag zum nächsten.

Profitieren werden diejenigen, die sich am schnellsten und besten anpassen, sowohl aufseiten der Unternehmen als auch unter den Arbeitnehmern. Nicht nur Berufe befinden sich im Wandel, auch die Arbeit selber wird sich in Zukunft weiter verändern.

Garantien gibt es kaum noch. Geradlinige Lebensläufe wie im letzten Jahrhundert werden selten werden, Biografien mit Schlangenlinien und Lücken zur Norm. Das ist im Hinblick auf eine lineare Altersversorgung, wie es die gesetzliche Rentenversicherung ist, problematisch. Es wird nicht regelmäßig genug eingezahlt werden, sodass am Ende keine Rente steht, sondern eigentlich ein Zuschuss zur Altersversorgung, im schlimmsten Fall nur ein Taschengeld für Rentner. Wir glauben nicht, dass sich das Rentensystem so zum Besseren ändern lässt, dass es der schönen neuen Arbeitswelt gerecht wird.

Das Homeoffice scheint der neue Standard zu werden. Schon vor der Corona-Krise hat sich gezeigt, dass sich die klassische

Bürolandschaft mehr und mehr auflöst. Früher hatte man einen Arbeitsplatz mit Schreibtisch, Computer, Telefon und Notizblock. Heute und morgen braucht man für den Job nur noch einen Laptop, das Smartphone und Zoom.

In unseren Interviews mit digitalen Nomaden haben wir festgestellt, dass der Laptop-Lifestyle sowohl mit Surfboard auf Bali als auch mit Skateboard in Bonn möglich ist.

Verstärkt wird dieser Trend vermutlich durch weitere technologische Entwicklungen – durch die Corona-Krise mit einem Turbo ausgestattet. Vieles, was kritisch beäugt wurde, wird normal: Zoom statt Geschäftsreise, Webinar statt Seminar, Heimschläfer statt Hotelschläfer.

Was mache ich mit diesen Erkenntnissen? Wie stelle ich mich darauf ein? Für uns ist klar: Du brauchst einen Plan B, denn Plan A ist ein Auslaufmodell.

DU BRAUCHST EINEN PLAN B!

»Verrentung hat weniger mit dem Alter zu tun als mit den Zahlen. Wenn die finanziellen Zahlen stimmen, kannst du sofort aufhören, gegen Lohn zu arbeiten – egal ob du 25 oder 65 bist.«

In den letzten Kapiteln haben wir unsere Diagnose gestellt, nun kommen wir zur Therapie. Wie kann ich finanziell frei oder zumindest freier leben? Wie werde ich zum Feierabend- oder Full-Time-Boss?

Die Strategie, die wir in diesem Buch vorstellen, hat zwei Stränge. Der erste beschäftigt sich damit, dass du dein Einkommen erhöhst! Das geht, indem du nach einer Gehaltserhöhung fragst oder entscheidest, Karriere zu machen.

Das ist der konventionelle, aber nicht immer der klügste Weg. In unserer schönen neuen Arbeitswelt ist dies aber ohnehin nicht immer möglich, wie wir im letzten Kapitel skizziert haben. Denn die Epoche, in der Menschen ein Leben lang für einen einzigen Arbeitgeber gearbeitet haben, ist passé. Wer nicht im öffentlichen Dienst arbeitet, muss damit rechnen, gekündigt zu werden. Die Corona-Krise hat viele Menschen wachgerüttelt, die Kurzarbeit immer nur für ein Phänomen des Ruhrgebiets gehalten haben.

Es gibt noch einen anderen Aspekt: Ein höheres Gehalt bedeutet, dass du dank der Steuerprogression relativ mehr Steuern zahlst und noch mehr in die gesetzliche Rentenversicherung einzahlen wirst. Wie gefährlich das für die finanzielle Freiheit ist, haben wir im ersten Kapitel versucht darzustellen.

Unser Vorschlag: Du kannst dein Einkommen auch erhöhen, indem du ein oder mehrere Nebeneinkommen generierst. Werde zum Feierabendboss!

Das hat viele Vorteile. Du machst dich weniger abhängig von deinem Hauptjob, Klumpenrisiko ist hier das Stichwort. Wer in Aktien investiert, versucht in der Regel auch zu diversifizieren und nicht alle Eier in einen Korb zu legen. Je weniger du dich an deinen Hauptjob gefesselt fühlst, desto entspannter wirst du sein. Vermutlich wirst du auch erfolgreicher sein.

Mit einem Side Hustle kannst du auch Dinge in dein Leben holen, die dir fehlen. Manche Menschen arbeiten den ganzen Tag am Rechner und möchten gerne mehr an die frische Luft. Andere wollen einfach mal etwas Risiko im Leben haben und fangen mit Reselling an. Du möchtest etwas zurückgeben? Ein Side Hustle im sozialen Bereich gibt deinem Leben eine ganz neue Dimension.

Der vielleicht größte finanzielle Vorteil aber ist, dass du von diesem Nebeneinkommen nichts für die gesetzliche Rentenversicherung abzwacken musst und damit wieder Autonomie über dein Geld und deine Altersvorsorge bekommst. So kannst du autark entscheiden, wie du dein Geld für die Zukunft investierst.

Kommen wir zum zweiten Strang unserer Strategie, dem Investieren! Du hast entschieden, dein Einkommen zu erhöhen. Das frische Geld einfach aufs Sparbuch einzuzahlen, wird dich nicht weit bringen. Geld, das auf dem Sparbuch liegt, enteignet dich schleichend, denn die Inflation ist wie ein hungriger Schwarm Motten, die an deinen Geldscheinen nagen. Bei einer Inflationsrate von über 5 Prozent (Dezember 2021[10]) ist dein Sparguthaben schneller entwertet, als du Netto-Ersatzquote sagen kannst.

Wenn du einen Minijob annimmst, kannst du vorher entscheiden, ob du in die gesetzliche Rentenversicherung einzahlen möchtest. Frage den Arbeitgeber nach dem entsprechenden Formular!

Wir möchten an dieser Stelle gerne ein Gedankenexperiment machen: Nehmen wir an, du bist 19 Jahre jung und entscheidest dich nach dem Lesen dieses Buchs dazu, Feierabendboss zu werden. Einer der vorgestellten Side Hustle spricht dich an, du verdienst damit tiefenentspannt 100 Euro im Monat. Da du noch bei deinen Eltern wohnst und sparsam bist, legst du diese 100 Euro vollständig in einem ETF-Sparplan an. Diesen Nebenverdienst hast du fünf Jahre lang, dann ist dein Studium vorbei und du fängst einen Nine-to-Five-Job an. Bis zu deinem 65. Lebensjahr rührst du dieses Geld nicht mehr an.

Nun gehen wir, ganz konservativ, von einer durchschnittlichen, jährlichen Rendite von 5 Prozent aus. Das Geld stecken wir zu 70 Prozent in einen ETF auf den MSCI-World und zu 30 Prozent in einen Emerging-Markets-ETF. Was glaubst du, wie viel Geld du zum Renteneintritt als ehemaliger Feierabendboss mehr im Portemonnaie hast?

Dramatische Pause. Noch etwas länger, um dir Zeit zu geben, den Betrag im Kopf zu überschlagen oder ihn zu erraten.

Hier ist die Auflösung: 50.342 Euro

Jetzt wird nicht jeder Leser noch Teenager sein, daher hier noch eine andere Fallstudie: Peter ist 42 Jahre alt und festangestellt. Nebenbei verdient er jeden Monat 200 Euro mit einem Side Hustle, die er nach dem gleichen Muster wie oben investiert. Seine Ansparphase ist aufgrund seines Alters natürlich kürzer.

Auch Peter kann sich zum Renteneintritt auf einen Bonus von knapp 32.780 Euro freuen.

Packungsbeilage: Natürlich sind solche Modellrechnungen immer idealisiert, und das Leben pfuscht einem gerne in solche Rechnungen herein. Als Gedankenexperiment kann es aber trotzdem helfen, die Power des Investierens und des Zinseszins zu veranschaulichen.

Ein Plan B kann aber auch ganz anders aussehen. Tatsächlich gibt es Wege, schon vor dem üblichen Renteneintrittsalter »in Rente« zu gehen. Die Anführungsstriche haben wir gesetzt, weil es nicht mehr dem traditionellen Konzept der Verrentung entspricht. Das neue Denkkonzept ist die finanzielle Freiheit, die Erwerbsarbeit zur Option, nicht zum Muss macht.

Denn Verrentung hat weniger mit dem Lebensalter zu tun, als mit den Zahlen. Wenn die finanziellen Zahlen stimmen, kannst du sofort aufhören, gegen Lohn zu arbeiten. Dann ist es vollkommen egal, ob du 25, 45 oder 65 Jahre alt bist.

Wenn deine passiven Einkommensströme aus Dividenden, Mieteinnahmen, Tantiemen, Krypto-Lending oder ETF-Anteilsverkäufen deine Ausgaben decken, dann bist du nach unserer Definition finanziell frei. Auf diesem Weg brauchst du natürlich mehr als nur ein kleines Nebeneinkommen, wie wir es oben beschrieben haben.

Einer dieser Wege nennt sich FIRE (Financial Independence, Retire Early). Integraler Teil dieser Strategie ist eine aus den Vereinigten Staaten kommende Lebenseinstellung, die sich Frugalismus nennt. Was hinter diesen F-Words steckt und wie sie miteinander verbunden sind, sehen wir im nächsten Kapitel.

F-WORDS: FIRE, FRUGALISMUS UND FUCK-YOU-MONEY

»Warum scheinen Politiker aller Couleur ein gesteigertes Interesse daran zu haben, uns klein und abhängig zu halten?«

Das Institut für Trend- und Zukunftsforschung (ITZ) charakterisiert Frugalisten als »Gruppe von Menschen, die radikal Status-unabhängig, aber nicht unchic leben möchten. Sie interessieren sich für Herkunft und Langlebigkeit von Produkten, für die Ökobilanz und den klimatischen Fußabdruck, vor allem aber für selbst gemachte Alternativen. In der Regel haben die Frugalisten wenig Geld, manchmal sind sie aber auch wohlhabend mit einer klar kritischen Attitüde und einem ausgeprägten Verantwortungsbewusstsein für das große Ganze.«

So kann man Frugalismus gut von der deutschen Tugend der Sparsamkeit abgrenzen. Während der sprichwörtliche Schwabe Geld scheffelt, um ein Eigenheim zu kaufen oder ein Haus zu bauen, schaut der Frugalist auch auf andere Dimensionen. Er fragt sich bei jeder Ausgabe oder Investition: Wie viel Lebensglück kaufe ich mir gerade? Lohnt sich diese Ausgabe überhaupt, oder bedeutet sie am Ende mehr Belastung und Arbeit als Lebensglück? Will ich wirklich ein Eigenheim besitzen, oder folge ich damit nur einer gesellschaftlichen Konvention? Selbstreflexion, Ehrlichkeit und Achtsamkeit sind also Grundbedingungen des Frugalismus.

Neben dem bewussten Konsum ist dem Frugalisten wichtig, finanziell gebildet zu sein. Und so kann es sein, dass er sich aus rationalen Überlegungen gegen ein Eigenheim entscheidet. So kann es passieren, dass der Frugalist lieber in seiner Studenten-WG wohnen bleibt oder House-Hacking betreibt.

FIRE (Financial Independence, Retire Early) kommt aus den Vereinigten Staaten und beschreibt eine »Frührentnerbewegung«, deren bekanntester Vertreter Mr. Money Moustache ist. FIRE-Fans wollen so früh wie möglich in der Situation sein, dass sie ihre Lebenshaltungskosten mit passivem Einkommen decken können. Meistens generieren sie ihr passives Einkommen durch Mieteinnahmen oder durch Aktienerträge.

Der Begriff Privatier könnte diese Personengruppe auch beschreiben, wobei viele Menschen in Deutschland mit diesem Begriff wahrscheinlich negative Assoziationen im Kopf verbinden. Soziologisch ist es sicher interessant, mal zu hinterfragen, warum das so ist. Warum sind wir Deutschen eigentlich so neidisch, wenn es jemand zu Wohlstand gebracht hat? Ist es nicht erstrebenswert, unabhängig zu sein? Ist es nicht auch für die Volkswirtschaft besser, wenn jemand nicht auf staatliche Transferleistungen angewiesen ist?

Die mathematische Grundthese der FIRE-Bewegung ist revolutionär: Rein rechnerisch ist es möglich, sich bei einem hohen Einkommen, einer sehr hohen Sparquote und den richtigen Investitionsentscheidungen nach weniger als zehn Jahren Arbeitsleben aus demselben zu verabschieden. Das klingt verrückt, ist aber tatsächlich möglich. Fairerweise muss man dazu schreiben, dass dieser Lebensstil ein überdurchschnittliches Maß an Selbstdisziplin und Planungssicherheit erfordert.

Was haben die beiden Trends Frugalismus und FIRE mit dem Rententhema zu tun?

Sie zeigen Alternativen zum konventionellen Denken in Sachen Ruhestand auf. Wer früh finanziell unabhängig ist, muss nicht mehr auf die ohnehin zu geringe Rente warten, um mit der Erwerbsarbeit aufzuhören. Man entkommt der Fremdbestimmung, kann selber entscheiden, wann und ob man aufhört zu arbeiten.

Wer früh finanziell frei sein will, muss also an zwei Stellschrauben drehen. Man muss

- die eigenen Lebenshaltungskosten radikal senken und
- so investieren, dass das eingesetzte Kapital möglichst produktiv arbeitet

Schauen wir uns diese beiden Stellschrauben einmal kurz an.

- **Strategie I: Ausgaben runter!**
  Hier kommt also wieder der Frugalismus ins Spiel. Dabei muss Sparen tatsächlich nicht immer mit Verzicht einhergehen. So kannst du zum Beispiel alle Versicherungen auf eine jährliche Zahlungsweise umstellen, um Geld einzusparen. Dies ist meistens mit einem einzigen Anruf oder einer einzigen E-Mail erledigt. Wir könnten auch den kostengünstigen Kfz-Schutzbrief der Autoversicherung anstelle einer teuren ADAC-Mitgliedschaft nutzen. Auch damit kann man locker 50 Euro pro Jahr mehr auf dem Konto haben. Auch dafür ist wieder nur ein einziger Anruf nötig!
  Dreh- und Angelpunkte sind dabei Achtsamkeit und Selbstreflexion, denn viel Geld wird verplempert, wenn wir gestresst oder emotional unzufrieden sind. Emotionen sind beim Einkaufen in der Regel der schlechteste Ratgeber. Der Sparfreak Obi[11] beispielsweise sieht sich als Unternehmer seines eigenen Lebens und betrachtet Ausgaben wie ein Controller, der mit spitzem Bleistift rechnet und sich immer nach dem »Return on Investment« fragt.

- **Strategie II: Schick dein Erspartes für dich arbeiten!**
  Die alte, deutsche Tugend des Sparens alleine reicht heute leider nicht mehr aus. Die Sparschweine müssen geschlachtet werden! Unbedingt! Dein Geld muss für dich arbeiten. Aktien oder ETFs sind hier die beliebtesten, aber natürlich nicht die einzigen Optionen. Mehr dazu im nächsten Kapitel. Laut der oft zitierten 4-Prozent-Entnahmeregel könntest du später jedes Jahr 4 Prozent deines Kapitals aus deiner Sparsumme entnehmen, und dein Erspartes würde dich dann mindestens 30 Jahre lang versorgen.
  Mit der 25x-Regel kannst du umgekehrt schnell überschlagen, wie viel Geld du auf die Seite schaffen musst. Multipliziere deine Jahresausgaben mit 25 und du erhältst den notwendigen Sparbetrag. Liegen deine Lebenshaltungskosten also bei 25.000 Euro im Jahr, brauchst du 625.000 Euro Vermögen, um davon leben zu können.
  Packungsbeilage: Diese Faustregeln sollten als solche gesehen werden. Eine fundierte und ehrliche Analyse der Zahlen und auch der steuerlichen Aspekte ist auf jeden Fall nötig. Es geht schließlich um deine finanzielle Zukunft!

Ein berechtigter Kritikpunkt am FIRE-Konzept ist, dass es so richtig nur für Gutverdiener funktioniert. Tatsächlich ist es bei einem Durchschnittseinkommen und einem urbanen Lifestyle mit entsprechenden Mieten schwierig, in so kurzer Frist finanziell frei zu werden. Wo wir früher ein Viertel unseres Einkommen für die Miete ausgegeben haben, ist es heute oft schon die Hälfte. Eine interessante Zahl: Laut dem Statistischen Bundesamt lebten im Jahr 2018 nur 0,8 Prozent von ihrem eigenen Vermögen.[12] FIRE ist also in Deutschland die absolute Ausnahme. Zumindest noch.

Doch vielleicht muss man die Messlatte gar nicht so hoch legen. Gerade bei den eher niedrigen Sparquoten haben auch kleinere Steigerungen einen enormen Einfluss. Erhöht man seine Sparquote beispielsweise nur von 15 auf 20 Prozent, kann man rein rechnerisch sechs Jahre früher aufhören zu arbeiten!

Um das zu erreichen, müsste man von einem deutschen Durchschnittsgehalt von 2000 Euro monatlich 100 Euro zusätzlich zurücklegen. Wer also selbst gekochte Mahlzeiten oder Sandwiches mit ins Büro nimmt, statt auswärts zu essen, kommt schnell auf diesen Betrag.

Hinweis: Diese Berechnungen gehen davon aus, dass die Ersparnisse so angelegt werden, dass sie eine jährliche, inflationsbereinigte Rendite von 5 Prozent erzielen. Bei einer historischen Betrachtung des Aktienmarkts ist dies eine konservative Zahl. Aber eine alte Wall-Street-Weisheit besagt, dass die Vergangenheit nicht unbedingt etwas über die Zukunft aussagt.

FU-Money zu haben bedeutet, sich ein so dickes finanzielles Polster zu schaffen, dass man »Fuck You« sagen kann, wenn es einem wichtig genug erscheint. Es bedeutet nicht, wie bei FIRE, nie wieder arbeiten zu müssen. RE steht ja für Retire Early, also die Frührente.

Auch 10.000 Euro können – je nach Lebenssituation – FU-Money sein. Wenn ich jung bin, keine Schulden habe und 10.000 Euro auf der hohen Kante, kann ich in sehr vielen Lebenssituationen »Leck mich!« sagen. Alleine das Gefühl, dass man es zu seinem Chef sagen könnte, bedeutet ja schon mehr Lebensqualität und wird wahrscheinlich auch die Ausstrahlung ändern. Denn wenn man nichts zu verlieren hat, ist man in einer viel besseren Verhandlungsposition.

Mit 10.000 Euro Kapital könnte man zum Beispiel auch den Sprung ins Ausland wagen. Das magische Wort ist hier Geo-Arbitrage. Man könnte also auch FU zum eigenen Land oder der aktuellen Regierung sagen. Man hat Optionen, es ist nicht alles alternativlos. Man muss nicht jede Kröte schlucken, die einem hingeworfen wird.

Man könnte sich auch selbstständig machen. Mit einem finanziellen Polster kann man sechs Monate, ein Jahr überbrücken – ohne einen Kredit aufnehmen zu müssen und sich somit wieder von einer anderen Stelle abhängig zu machen.

Wer also zu den Menschen gehört, die Freiheit groß schreiben, für den ist das Konzept FU-Money wahrscheinlich passender als FIRE. FU-Money ist für Leute, denen es wichtig ist, echt zu sein, die eigene Persönlichkeit frei auszuleben und sich nicht einem System unterwerfen zu müssen. Leute, denen Meinungsfreiheit und Wahlfreiheit etwas bedeutet. Zugespitzt gesagt: FU-Money passt zu dir, wenn du vom Typ her eher Unternehmer oder Freidenker als Beamter bist.

Denn wer sich für FIRE entscheidet, muss im Zweifel auch mal in den sauren Apfel beißen und etwas herunterschlucken, weil er dem großen Ziel der finanziellen Unabhängigkeit hinterherläuft und dabei vielleicht nicht auf den gut bezahlten Job verzichten kann. FIRE kann also genauso ein »Gefängnis« sein wie ein Nine-to-five-Job, der bis zum normalen Renteneintrittsalter durchgehalten werden muss. FIRE ist zwar zeitlich kürzer, aber im Zweifel genauso unfrei.

Dabei ist der Weg zum FU-Money identisch mit dem Weg zu FIRE. Frugalismus wird in beiden Fällen die Basis sein, um sich einen Kapitalstock aufzubauen. Investieren wird in beiden Situationen helfen, das Kapital effizienter einzusetzen beziehungsweise für sich arbeiten zu lassen.

FINANZIELLE BILDUNG BEDEUTET FREIHEIT

»Sparst du noch oder investierst du schon?«

In den bisherigen Kapiteln haben wir vielleicht fast zu penetrant darauf hingewiesen, wie zentral finanzielle Bildung ist. Wir haben auch gezeigt, dass die Schule diese nicht vermittelt und in manchen Fällen sogar sabotiert, weil sie den Schülern Glaubenssätze einpflanzt, die dem finanziellen Wohlergehen schaden.

So wird Reichtum gerne als moralisch verwerflich dargestellt, und Reiche werden diffus dämonisiert. Das ist zwar weder ethisch noch volkswirtschaftlich haltbar, aber wer diese falschen Glaubenssätze verinnerlicht, wird den eigenen finanziellen Erfolg immer erfolgreich abwehren. Der amerikanische Autor T. Harv Eker hat mit *Secrets of the Millionaire Mind* (deutscher Titel: *So denken Millionäre*) vielen Menschen an dieser Stelle die Augen geöffnet. Nur wer Geld und Wohlstand gegenüber offen und positiv eingestellt ist, kann ihn erreichen und aufrechterhalten. Die meisten Lottogewinner sehen das gewonnene Geld auf unbewusster Ebene so negativ, dass sie es nach einigen Jahren meistens wieder los sind. Vielleicht hat es auch damit zu tun, dass sie das Gefühl haben, den Geldregen gar nicht verdient zu haben.

Ein weiterer schädlicher und leider sehr weit verbreiteter Glaubenssatz lautet: Investieren ist nur etwas für Reiche! Diese bizarre

Idee wird auch gerne von Politikern, gerade aus dem linken Spektrum, propagiert. Nach dem Motto: »Ich bin ja heilfroh, dass ich über die Runden komme. Mit dem Investieren beginne ich, wenn endlich genug Geld übrig bleibt.« Durch die Lifestyle-Inflation verkonsumieren dann die meisten Arbeitnehmer ihr Gehalt, und so bleibt auf wundersame Weise am Ende des Monats nie etwas übrig, was man investieren könnte. Das ist ein teuflischer Kreislauf, der letztlich in eine Art finanzielle Versklavung führt.

Mit dem Investieren kann man nämlich kaum früh genug beginnen. Ein Teenager, der es schafft, die Hälfte seines Hinzuverdienstes zu investieren, wird irgendwann wohlhabend sein. Ganz automatisch, denn der Zinseszins ist ein Magier, der seine Tricks allen verrät. Es ist ein offenes Geheimnis.

Vereinfacht gesagt: Der Grad deiner finanziellen Bildung entscheidet über den Grad deiner finanziellen Freiheit! Vorausgesetzt natürlich immer, dass du dein Finanzwissen auch in die Tat umsetzt. Theoretisch ist noch niemand reich geworden, es ist immer die Umsetzung, die zählt. Taten übertrumpfen immer steriles Finanzwissen, wenn man reich werden möchte.

Die Regel, dass der Grad der finanziellen Bildung den Grad der finanziellen Freiheit bestimmt, gilt zumindest für die Normalsterblichen unter uns. Der ehemalige Finanzminister und heutige Bundeskanzler Olaf Scholz kann es sich offenbar leisten, sein Geld auf dem Girokonto verschimmeln zu lassen. Er wird über eine üppige Pension versorgt. Wer nicht vom Staat versorgt wird, muss sich unbedingt selbst kümmern und sollte sein sauer verdientes Geld nicht einfach auf einem Sparbuch oder Tagesgeldkonto rumliegen lassen. Gerade in Zeiten einer hohen Inflation ist das Raubbau an der eigenen Zukunft.

Die Finanzindustrie weiß das natürlich auch und verkauft uns ihre eigenen Interessen als Finanzwissen. Durch Lobbyarbeit und gute Beziehungen zwischen Politik und Finanzindustrie gaukeln uns nun auch noch Spitzenpolitiker vor, dass fragwürdige Produkte wie die Riester-Rente unsere Rettung seien. Diese gezielte Desinformation, die oft auch noch durch finanziell ungebildete, ideologisch verblendete oder naive Finanzjournalisten weiterverbreitet wird, muss Altersarmut für viele und volle Taschen für wenige Bankkonzerne und Versicherungen bedeuten.

Nur wer sich aus unabhängigen Quellen informiert und mit dem Investieren intensiv beschäftigt, kann sich vor den vielen Fallen, die die Finanzindustrie und leider auch der Staat aufstellen, schützen. Wer naiv bleibt, ist ausgeliefert. Bankberater, Instagram-Heinis, Finanzminister und YouTube-Besserwisser leben von dieser leichten Beute. Die Flut an Falschmeldungen zum Thema Finanzen scheint täglich größer zu werden.

Es gibt aber auch sehr gute Finanzblogger und YouTuber. Darum ist es auch so wichtig, sich vielseitig zu informieren und kritisch zu bleiben. Die Frage nach dem Cui bono ist dabei ein guter Test. Wer profitiert von dieser oder jener Information? Ist die Meinung der Finanzbloggerin eventuell durch Affiliate-Deals eingefärbt?

Webseiten wie »Finanztip« sind zwar konsumentenfreundlich und relativ neutral, allerdings haben sie nach unserer Ansicht eine typisch deutsche Risikoaversion. Wer sich über ETFs und Festgeldkonten hinaus informieren möchte, wird hier leider kaum mit Wissen versorgt.

Eine gute finanzielle Bildung ist immer eine breite Geldbildung. Nach unserer Beobachtung neigen viele Menschen dazu, sich nur oberflächlich mit ihren Finanzen zu beschäftigen, bevor sie sich – zu schnell – für eine Marschrichtung entscheiden. Klappe zu, Affe tot!

In der Welt des Investierens kannst du aber nicht mit dem Seepferdchen bestehen, du brauchst mindestens ein Silber-Abzeichen, am besten ein regelmäßig aufgefrischtes Gold-Abzeichen.

Das gilt umso mehr, wenn die nächste Finanzkrise kommt – und sie wird kommen. Ob es der große Crash wird oder »nur«

eine wirtschaftliche Depression, der schlaue Investor bereitet sich gedanklich auf alle Szenarien vor.

Die in Deutschland relativ junge Bewegung der »ETF-Jünger« ist ein Beispiel für diese verengte Sicht auf die Dinge. ETFs sind eine gute Sache, aber der Fanatismus, mit dem manche dieses Vehikel verteidigen, ist bedenklich.

Das Allheilmittel, die Vollkasko-Versicherung gibt es beim Investieren einfach nicht. Das widerspräche nämlich dem Grundprinzip, dass Risiko und Rendite immer in einem Verhältnis stehen müssen.

Auch wenn es anstrengend ist und Zeit kostet: Garantien, Gurus und Genies zu hinterfragen, ist die beste »Versicherung« gegen finanziellen Misserfolg. Nur weil jemand bekundet, gute Absichten zu haben, muss ich ihm nicht mein Vertrauen schenken. Das gilt auch für Menschen, die im Fernsehen oder im Bundestag auftreten. Das Thema Geld ist immer Chefsache und sollte nicht leichtfertig an »Experten« delegiert werden. Man sollte wach bleiben, kritisch sein, über den Tellerrand schauen und die eigene Gefühlswelt beobachten.

Wenn du zum Beispiel in Aktien investieren möchtest, fange mit kleineren Summen an und schaue, wie sich ein Kursverlust oder Kursgewinn anfühlt. Diese Selbstkenntnis kann dich davor bewahren, in Krisensituationen panisch zu werden und teure Fehler zu machen. Viel zu viele Deutsche haben früher leichtfertig und fremdgesteuert in die Aktien der Telekom investiert und sind danach komplett aus dem Aktienmarkt ausgeschieden. Diese Kurzschlusshandlung ist sie teuer zu stehen gekommen. Hätten sie das Geld diversifiziert investiert, mit langer Perspektive und etwas mehr Sachverstand, wären sie heute finanziell besser dran. Wer weiß, einige wären wahrscheinlich sogar finanziell frei.

Wir denken, dass der kluge Investor so viele Optionen wie möglich kennen und abwägen sollte. Uns ist aufgefallen, dass gerade die finanziell erfolgreichen Menschen diejenigen sind, die viele Fragen stellen, neugierig und bescheiden sind.

Lohnenswert ist es auch, sich mit Behavioral Finance zu beschäftigen. Diese relativ neue Forschungsrichtung der Wirtschaftspsychologie beschäftigt sich mit sogenannten Biases. Eine wirklich treffende deutsche Übersetzung gibt es nicht, aber man könnte es als kognitive Verzerrung oder typischen Denkfehler, Fallstricke oder unbewusste Vorverurteilung umschreiben. Mittlerweile gibt es mehrere Dutzend Biases, die erforscht und benannt worden sind.

Ein Beispiel: Der Home Bias führt dazu, dass beim Aktienkauf Unternehmen aus dem eigenen Heimatland oder der eigenen Region bevorzugt werden. Das ist nicht weiter tragisch, es verstellt nur den klaren Blick für eine Entscheidung nach objektiven Kriterien. Wenn ich also lieber die Aktie der Commerzbank als die der Bank of Montreal kaufe, obwohl die Kennzahlen klar für die Bank of Montreal sprechen, dann bin ich dem Home Bias zum Opfer gefallen.

Ziemlich bekannt ist die Sunk Cost Fallacy. Sie kommt zum Zug, wenn ich immer weiter Geld oder Zeit in etwas investiere, weil ich denke: »Jetzt habe ich schon so viel Kohle in diese Aktie investiert, jetzt steige ich doch nicht aus! Die erholt sich schon wieder!« Der traurige Witz hierbei ist: Je mehr Geld man mit einem Investment verloren hat, desto stärker hält man daran fest.

Wer schon mal Poker gespielt hat, kennt dieses Gefühl wahrscheinlich auch. Man geht gerade als Anfänger immer weiter mit, auch wenn die mathematischen Wahrscheinlichkeiten immer ungünstiger werden. Amerikanische Geschäftsleute kennen dafür die griffige Formulierung »throwing good money after bad«.

Neben diesen mentalen Fallstricken, die jeden Menschen mehr oder weniger gleich stark beeinflussen, gibt es aber auch noch individuelle Prägungen, die den Umgang mit Geld lenken. Eine unverklärte psychologische Selbsteinschätzung hilft, den eigenen Investitionsstil zu finden.

Ein ängstlicher Typus wird sich mit Einzelaktien oder Krypto-Investments nicht wohlfühlen und langfristig damit nicht gut fahren. Macher-Typen werden wahrscheinlich mit einem Portfolio aus ETF-Sparplänen nicht glücklich werden, weil es ihnen zu passiv ist.

Nicht zuletzt ist ein Grundwissen über die größeren Zusammenhänge der Wirtschaft und Politik hilfreich, um Entscheidungen und Trends auf der Makro-Ebene zu verstehen. Jeder sollte verstehen, was eine Inflation bedeutet und was sich hinter der Abkürzung WEF verbirgt. Ebenso hilfreich ist es, ein Gefühl für Public Relations zu bekommen und zu verstehen, wie Lobbyarbeit funktioniert.

Wie im zweiten Kapitel beschrieben, können die meisten Schüler an deutschen Schulen lange auf finanzielle Bildung warten, denn den meisten Lehrenden fehlt es selber an den gerade aufgezählten Kompetenzen.

Auch auf die Gefahr hin, dass wir uns hier wiederholen: Die verbeamteten Lehrer müssen sich durch ihren Sonderstatus als Beamte nicht um die Altersvorsorge kümmern und sind, was die private Vorsorge angeht, oft ideologisch voreingenommen. Der Aktienmarkt wird als Casino der Gierigen gesehen und verteufelt. Sie haben es nicht nötig, Renditen für ihre Altersvorsorge zu erzielen, das übernimmt ja die Solidargemeinschaft der Steuerzahler für sie.

Die Tatsache, dass nur rund 17 Prozent der deutschen Bevölkerung in die renditenstärkste Anlageklasse Aktien investieren[13], ist aus unserer Sicht nur folgerichtig, aber dadurch nicht weniger erschreckend. Dabei ist es heute so einfach, ein Aktiendepot einzurichten und zu betreiben. Wer will, kann es sogar über eine App machen und schon mit kleinsten Beträgen einsteigen. Mal ehrlich: Einen Sparplan über 20 Euro im Monat einzurichten müsste doch eigentlich jedem jungen Menschen möglich sein, oder?

Wir können an dieser Stelle wirklich nur ermutigen, sich beim Thema Geld nicht die Butter vom Brot nehmen zu lassen. Je eigenverantwortlicher ein Mensch sich darum kümmert, desto freier wird er am Ende leben.

MIT SIDE HUSTLES SUKZESSIVE IN DIE FINANZIELLE FREIHEIT

Auch in diesem Kapitel soll es nochmal um Geldbildung gehen, dieses Mal aber am Beispiel von Side Hustles und Micro-Einkommen.

Bevor wir hier aufzeigen, wie man schon mit kleinen Geldbeträgen ein Gefühl für finanzielle Unabhängigkeit bekommen kann, erstmal eine Frage:

Würdest du lieber a) einen Monat lang 500 Euro pro Tag bekommen oder b) einen Cent, der sich an jedem Tag eines Monats verdoppelt? Also einen Cent am ersten Tag, zwei Cent am zweiten Tag, vier Cent am dritten Tag und so weiter. Antworte bitte ohne Berechnung, einfach aus dem Bauch heraus. Wofür entscheidest du dich?

Hast du die Option A gewählt, erhältst du 15.000 Euro (30 Tage x 500 Euro). Hast du dich für Option B entschieden, würdest du die Summe von 5.368.709,12 Euro in Besitz nehmen können. Also, in einem Fall wärst du in der Lage, dir einen glamourösen Urlaub zu leisten. Im anderen Fall könntest du dich zu der seltenen Gattung der Multimillionäre zählen.

Die Moral dieser Geschichte: Wir Menschen können nur schlecht exponentiell denken. Darum ist ein Prinzip wie der Zinseszins für uns kaum greifbar. Wir können es uns einfach nicht vorstellen und darum motiviert es uns auch nicht in der Gegenwart.

Stelle dir doch mal bitte kurz vor, du hättest im Jahr 1971, zu deiner Geburt, ein Geschenk von umgerechnet 1000 Euro in ETF-Anteilen erhalten. Zu dieser Zeit gab es noch keine ETFs, aber wir möchten mit diesem Beispiel auch nur etwas veranschaulichen. Bei einer historischen Rendite von im Schnitt 8 Prozent pro Jahr, was glaubst du, wie üppig dein Geburtstagsgeschenk zum 50. Geburtstag ausfallen würde? Sprechen wir hier von einem schicken Rennrad, einer Harley oder von einem Luxusauto?

Der Endbetrag kann sich wirklich sehen lassen: 46.901,61 Euro ist die Antwort. Verrückt, oder? Die Frage ist natürlich: Können wir als 21-jähriger Student der Versuchung widerstehen und knacken dieses Depot nicht? Haben wir die Disziplin, im besten Fall bis zur Rente die Finger davon zu lassen?

In diesem Kapitel wollen wir demonstrieren, wie du durch Side Hustles sofort Cashflow erzeugen kannst und der finanzielle Nutzen dadurch sofort und im Alltag erlebbar wird. Vielleicht wird das diffuse Ziel der finanziellen Freiheit so realer. Vielleicht steigt so die Motivation im Hier und Jetzt.

Okay, nehmen wir einmal an, du hast ein Netflix-Abo. Das werden im Lockdown bestimmt viele von euch abgeschlossen haben. In deinem Haushaltsbuch werden die 7,99 Euro pro Monat im Vergleich zur Miete ein kleiner Posten sein, aber irgendwo muss die finanzielle Unabhängigkeit ja anfangen.

Die Aufgabe ist jetzt, einen Side Hustle oder in diesem Fall eher ein Micro-Einkommen zu finden, das dir Netflix finanziert. Nebeneinkommen frisst Ausgabe!

Diese Vorgehensweise kannst du theoretisch so lange skalieren, bis alle deine laufenden Kosten gedeckt sind. Als Nächstes suchst du dir ein Nebeneinkommen, das deine Stromrechnung bezahlt. Und dann eins, mit dem du deine Miete begleichen kannst.

Am Ende dieses Spiels decken deine Side Hustles alle Lebenshaltungskosten, und du bist der finanziellen Unabhängigkeit einen großen Schritt nähergekommen.

Aber nochmal einen Schritt zurück, wir sind ja auf der Suche nach einem Mini-Side-Hustle, der dir im Monat 7,99 Euro einspielt.

Was verdient ein Flaschensammler?

Was denkst du, wieviel Cash du als Flaschensammler in etwa pro Stunde verdienst?

#Die Basics:

Pfand pro Bierflasche: 8 Cent

Pfand pro Glas-Wasserflasche 0,7l: 15 Cent

Pfand pro Dose/PET: 25 Cent

Okay, stellen wir uns jetzt mal folgendes Szenario vor: Ein Freitagabend in einem urbanen Park. Du hast ein Fahrrad mit Anhänger, in den zwei leere Bierkisten passen. Vorne hast du Platz für PET-Flaschen.

Vermutlich brauchst du etwa 15 Minuten, um deine zwei Bierkisten zu füllen. Dosen und PET-Flaschen werden seltener stehen gelassen, also brauchst du vielleicht so 20 Minuten. Nach einer guten halben Stunde hättest du also die erste Ladung voll.

Jetzt stehst du vor einer logistischen Entscheidung. Kannst du die gesammelten Flaschen direkt zum Pfandautomaten bringen oder musst du sie zwischenlagern? Was ist sinnvoller? Wie viel Zeit kostet mich das?

Nehmen wir an, das Einlösen der Pfandflaschen dauert noch mal 20 Minuten – nicht optimiert.

Dann kommen wir auf einen Zeiteinsatz von rund einer Stunde. Grob überschlagen wirft das Folgendes ab:

48 Bierflaschen x 8 Cent = 4 Euro
10 PET-Flaschen x 25 Cent= 2,50 Euro
10 Dosen x 25Cent = 2,50 Euro
Summe: 9 Euro/h

Diese Einnahme befindet sich ungefähr auf dem Niveau des Mindestlohns, allerdings Cash in die Täsch. Diese Kalkulation ist eher konservativ und noch in keiner Weise optimiert. Mit etwas unternehmerischem Denken können bestimmt noch Hebel gefunden werden.

Was ist der alltäglichste Side Hustle überhaupt? Der Side Hustle, der weder Kapital noch Talent erfordert? Das Flaschensammeln! Flaschensammeln hält fit und ist entspannt in jeden Alltag zu integrieren. Allerdings kostet es auch Überwindung, denn es kann – je nach Erziehung und persönlicher Disposition – als demütigend empfunden werden. Als angehender Feierabendboss schaffst du es hoffentlich, dieses Schamgefühl abzulegen.

Nehmen wir an, du liest auf dem Weg zur Bahnhaltestelle jeden Tag zwei Dosen mit einem Pfandwert von 25 Cent auf. 50 Cent pro Tag würden dich also verpflichten, dies an 16 Tagen pro Monat zu machen, um die 7,99 Euro für das Netflix-Abo zu finanzieren. An etwas mehr als zwei Wochen im Monat dich zweimal am Tag zu bücken, das ist nicht viel verlangt, oder?

Nehmen wir an, du schaffst es nicht, dein Schamgefühl zu überwinden. Hier ist deine Alternative: Du verkaufst jeden Monat mindestens zwei gebrauchte Bücher auf dem Marketplace von Amazon. Du kannst die Bücher aus deinem Bestand nehmen und so zu Hause endlich etwas Platz schaffen. Du könntest aber auch an den Bücherkisten, die Leute neuerdings gerne vor die Türe stellen, stehen bleiben und dein Glück versuchen. Gerade Sachbücher und Fachbücher erzielen erstaunliche Preise auf Amazon. Mit etwas Erfahrung ist es gut möglich, pro Buch nach Abzug der Versandkosten und Gebühren 4 bis 5 Euro zu verdienen. Wenn du es noch einfacher haben willst, machst du Buchflipping. Diesen Side Hustle stellen wir später im Buch vor. Mit einer App von Anbietern wie Momox kannst du Bücher innerhalb von Sekunden einscannen und bekommst sofort einen Ankaufspreis angeboten.

Wenn du ein Gefühl dafür bekommen möchtest, wie großartig sich passives Einkommen anfühlt, dann kaufst du dir als Einstieg für 1000 Euro Aktien, zum Beispiel die der Allianz. Mit einer Dividendenrendite von aktuell (Stand: Januar 2022[14]) rund 5,5 Prozent freut sich dein Girokonto jeden Mai über eine Überweisung von 55 Euro. Da du noch am Anfang stehst, sind diese sogar steuerfrei – da innerhalb des Steuerfreibetrags für Kapitaleinkünfte. Damit könntest du im ersten Jahr zwar noch nicht dein Netflix-Abo für das gesamte Jahr bezahlen, aber immerhin schon für die ersten sieben Monate.

Es geht also tatsächlich: Jeder kann mit Side Hustle sukzessive die finanzielle Unabhängigkeit erreichen. Es ist nicht kompliziert, das heißt allerdings nicht, dass es einfach ist. Kleinvieh macht auch Mist! Ein mickriger Cashflow kann über die Zeit immer größer werden und am Ende deine gesamten Lebenshaltungskosten wegspülen!

Selbst wenn du mit deinen Side Hustles das große Ziel der finanziellen Freiheit nicht erreichst, so bringt dich jedes Nebeneinkommen diesem Ziel näher. Gleichzeitig trainierst du den Unternehmermuskel, erlernst neue Skills und hast am Ende vielleicht sogar noch Spaß dabei. Bei einigen Leuten, die wir interviewt haben, ist aus einem Side Hustle auch ein Main Hustle geworden. So etwas passiert manchmal einfach, und je mehr Nebeneinkommensideen du ausprobierst, desto höher werden deine Chancen auf einen Hauptgewinn. Start-up-Investoren, wie wir sie aus *Die Höhle der Löwen* oder *Shark Tank* kennen, wissen, dass neun von zehn Start-ups nicht groß rauskommen werden. Sie spekulieren darauf, dass die eine Neugründung ihr Ticket zum Mond ist. Eine einzige reicht. Das ist beim Side Hustlen nicht ganz so, aber auch als Feierabendboss kannst du damit spielen, mehrere Bälle gleichzeitig in der Luft zu halten.

LOCKDOWN-LEKTIONEN

Die von der Regierung verhängten Lockdowns haben auch uns wachgerüttelt. Wir haben die wichtigsten Lektionen aus dieser Zeit hier für euch zusammengefasst.

- **Dein Nine-to-five-Job ist wackeliger als gedacht!**
  Der Trend ist schon länger erkennbar: Dein Nine-to-five-Job ist ein Klumpenrisiko. Wer nicht gerade bei einem Großkonzern mit guten Verbindungen in die Politik arbeitet, dessen Arbeitsplatz ist wackelig. Auch die schönsten Soforthilfen müssen irgendwann enden, und vor allem müssen sie irgendwann zurückgezahlt werden. Das ist einfache Mathematik. Kleine und mittelständische Unternehmen können kaum noch Jobsicherheit bieten, da sie selber immer mehr in Abhängigkeit von Politik und ausufernder Bürokratie geraten.
  Die Lektion: Je schneller du die Tatsache akzeptierst, dass dein Nine-to-five-Job keine Lebensversicherung mehr ist, desto eher kannst du dich nach Alternativen umschauen. Side Hustles sind der beste Weg, die Eier aus dem einen Korb herauszuholen und auf mehrere Körbe zu verteilen.
- **Wir sind ein Land der Beamten und Angestellten!**
  In den Köpfen der Politiker ist der Angestellte und Beamte der Normbürger. An ihm orientiert sich das Parlament bei seinen Entscheidungen, er ist der Mittelpunkt ihrer

Welt. Das hat wahrscheinlich zwei Gründe: Zum einen ist der Anteil von Unternehmern unter den Parlamentariern verschwindend gering, und zum anderen sind Angestellte aus der Sicht der Politik die idealen Bürger. Ein Angestellter ist gläsern, zahlt seine Steuern im Voraus und hat keine Möglichkeiten, seine Steuersituation zu gestalten. Ein Angestellter muss in alle Sozialsysteme einzahlen, er hat keine andere Wahl. Unternehmer und Selbstständige sind hingegen beim Staat nicht beliebt. Sie sind nicht so gläsern, quirlig und irgendwie unberechenbar. Die Tatsache, dass sie diejenigen sind, die echte Arbeitsplätze schaffen, wird dabei gerne ignoriert.

Die Lektion: Vielleicht ist es an der Zeit, zu hinterfragen, wie selbstbestimmt das Leben als Angestellter oder Beamter wirklich ist. Side Hustles bieten viel Raum für persönliche und wirtschaftliche Entfaltung. Mit Side Hustles kannst du deinen Unternehmermuskel trainieren!

- **Cancel Culture kann jeden in Deutschland treffen!**

Cancel Culture ist real und nicht nur ein Phänomen, dass den ehemaligen Präsidenten der Vereinigten Staaten, Donald Trump, trifft. Cancel Culture trifft vor allem Menschen, die in der Öffentlichkeit stehen und von ihrem Recht auf freie Meinungsäußerung Gebrauch machen. Sportler, Journalisten und Schauspieler stehen auf besonders wackeligen Beinen. Es kann aber auch dich treffen. Wir wissen von Side Hustlern aus unserer Community, dass YouTube-Kanäle mit schwammigen, teilweise grotesken Begründungen von heute auf morgen gesperrt werden. Politische Korrektheit ist so sehr vom Zeitgeist abhängig, dass sie Planungssicherheit fast unmöglich macht.

Die Lektion: Sichere dein Sidebusiness ab, indem du die digitalen Player im Auge behältst. Wenn immer es möglich ist, entscheide dich für die Plattformen und Anbieter, die unser Grundrecht auf Meinungsfreiheit respektieren.

- **Du musst dich und dein Leben diversifizieren!**
  Dein Nine-to-five-Job ist ein Klumpenrisiko. Dein Sidebusiness Reselling auf Amazon ist ein Klumpenrisiko. Dein Instagram-Account ist ein Klumpenrisiko. Brückenbauer wissen, wie wichtig es ist, den »single point of failure« zu identifizieren. Das ist existenziell, weil die Brücke sonst einstürzen kann. Eine Kündigung seitens des Arbeitgebers, eine Kontensperrung seitens eines Digitalunternehmens darf niemals dazu führen, dass dein ganzes Leben zusammenbricht.
  Die Lektion: Du musst dich diversifizieren! Beim Einkommen über Nebeneinkommen und bei deinem Online-Business über Mehrgleisigkeit.

Digital diversifizieren!

Die eigene Website ist und bleibt das Wichtigste an »Real Estate«, das du digital besitzen kannst. Es ist dein Eigenheim. Jeder Social-Media-Account ist das Eigentum von jemand anderem und damit außerhalb deiner Verfügungsgewalt.

Im Grunde mietest du deinen Instagram-Account bei einem Vermieter im Silicon Valley, der zwar keine Miete verlangt, dich aber jederzeit und willkürlich rauswerfen kann. Dies ist keine graue Theorie, es passiert jeden Tag. Im Zweifel reicht ein Missverständnis oder eine unerwünschte Meinungsäußerung, um dich vor die Tür zu setzen. Digitalen Mieterschutz gibt es im Silicon Valley nämlich nicht.

Profitipp: Suche dir gezielt neue Social-Media-Plattformen, die du bisher ignoriert hast! Wir alle sind Gewohnheitstiere. Jetzt ist ein guter Zeitpunkt, neue Plattformen zu entdecken und neue Skills zu entwickeln. Welche Plattformen hast du immer belächelt oder abgewertet, vielleicht sogar, ohne sie wirklich zu kennen? Wir fassen uns dabei übrigens sinnbildlich an die eigene Nase. Kennst du zum Beispiel Odysee, die Alternative zu YouTube? Hast du dich schon mit TikTok beschäftigt, auch wenn du denkst, dass es für dein Sidebusiness keine Relevanz hat? Kennst du Gettr, die noch zensurfreie Alternative zu Twitter?

F*CK YOUR PASSION!

»Pass auf, dass deine Leidenschaft nicht nur Leiden schafft.«

Mindset ist ein überstrapaziertes Wort, darum wollen wir in diesem Buch lieber mit den Begriffen »Einstellung« oder »Mentalität« arbeiten. Was meinen wir damit?

In den bisherigen Kapiteln haben wir versucht, die Ausgangslage so schmucklos wie möglich zu präsentieren. Die Rentensituation ist nicht glorreich, der Arbeitsmarkt ist im Flux und die Inflation nagt an unserem Kapital.

Wer aus diesem Schlamassel heraus will, muss sich mental von liebgewonnenen Denkgewohnheiten lösen. Das ist kein einfacher Prozess, weil wir als Menschen dem sogenannten Bestätigungsfehler anheimfallen. Auch das ist wieder ein Bias. Soll heißen: Wenn uns eine Weltsicht lange genug eingebläut worden ist, dann finden wir überall Bestätigung dafür. Wir interpretieren die Welt so, wie sie unseren Ansichten gefällt.

Wem also von Kindesbeinen an verklickert worden ist, dass Reiche böse sind und die Rente sicher – nun, der oder die wird für diese Thesen immer wieder Bestätigung suchen und finden. So sind wir Menschen, das ist evolutionär gesehen hilfreich, weil wir so wertvolle Lebensenergie sparen. Ein Umdenken kostet viel Kraft und greift im Zweifel unser Selbstbild, unsere Identität an. Schließlich haben wir ja bereits viel Zeit und Energie in diese Weltanschauung investiert. Und was werden unsere Freunde denken, wenn wir plötzlich nicht mehr über die Bonzen schimpfen?

Ändern sich die Dinge allerdings grundlegend, wird uns diese Denkfalle teuer zu stehen kommen. Und dass sich die Dinge momentan rasant ändern, wird niemand in Zweifel ziehen. Die Corona-Krise mit ihren Lockdowns ist wie ein Brennglas, das uns gezeigt hat, wie es wirtschaftlich wirklich um uns steht – individuell und volkswirtschaftlich.

Wenn wir nicht zu den Verlierern dieser enormen Umwälzungen gehören wollen, sind wir also gefordert, alte Denkmuster über Bord zu werfen und neue Denkansätze zu finden. Leider neigen wir dazu, direkt wieder in neue Denkfallen zu tappen. Instagram ist voll davon. Ein Mantra, das sich viral verbreitet und hartnäckig hält, wollen wir in diesem Kapitel herausgreifen: Follow Your Passion!

Die Phrase »Follow Your Passion« ist so verführerisch, weil sie Lust und Erfolg zu einem glücklichen Paar stilisiert. Es gibt tatsächlich Leute, die mit diesem Rezept extrem erfolgreich geworden zu sein scheinen. Spitzensportler, Künstler oder auch Meisterköche. Wenn das Konzept aufgeht, ist es vermutlich der helle Wahnsinn. Aber es gibt auch einige Dinge, die dagegen sprechen. Vorsicht ist geboten.

Es gibt nun mal auch Menschen, die haben keine ausgesprochenen Leidenschaften. Und selbst wenn du eine hast: Passionen ändern sich. Das haben wahrscheinlich die meisten von uns schon erlebt: Dinge, die uns jahrelang begeistert haben, werden irgendwann weniger wichtig oder von einem neuen Interesse abgelöst. Gerade bei Kindern kann man das sehr gut beobachten. Niemand weiß also genau, wie lange das »Haltbarkeitsdatum« seiner Leidenschaft ist oder ob sie an der ersten, ernsthaften Herausforderung zerbricht.

Noch entscheidender ist aber: Was ist, wenn meine Leidenschaft keinen Marktwert hat? Habe ich zum Beispiel eine Leidenschaft fürs Häkeln, stellt sich die Frage, wie ich diese zu Geld machen kann.

Klar, ich könnte einen YouTube-Channel für Häkelfreunde starten. Aber dann würde ich mich überwiegend mit Online-Marketing, Video-Produktion, Content-Planung und Business-Development befassen. Was hat das dann noch mit meiner eigentlichen Leidenschaft, dem Häkeln, zu tun?

Genau an diesem Punkt scheitern viele Kreative. Die kreative Arbeit macht ihnen einen Mordsspaß und wird oft gar nicht als Arbeit empfunden. Bei den unternehmerischen Themen Buchhaltung, Akquise und Verhandlung möchten sie aber am liebsten schreiend weglaufen.

Wir sagen: Du brauchst Passion Plus! Leidenschaft plus ein Geschäftsmodell plus Business Skills. Ein Beispiel: Viele Menschen begeistern sich für Sportwagen. Man könnte sagen: Viele Menschen haben eine Leidenschaft für Sportwagen. Und nun? Wieso schaffen es einige, diese Leidenschaft zu Geld zu machen und andere nicht? Das ist doch der springende Punkt. Nur wer es schafft, seine Liebe für schnelle Autos in ein Geschäftsmodell zu übertragen, kann damit Geld verdienen. Ein Geschäftsmodell könnte zum Beispiel sein, eine Oldtimer-Garage zu eröffnen und klimatisierte Stellplätze zu vermieten.

Nun hat also jemand seine Leidenschaft zum Beruf gemacht. Allerdings reicht auch das noch nicht. Ich kann Ferraris lieben, ein BWL-Studium in der Tasche haben und trotzdem kein erfolgreicher Unternehmer sein. Denn ich brauche auch noch Kompetenzen wie Verkauf, Marketing, Menschenführung et cetera. Oder ich muss zumindest in der Lage sein, diese Dinge auszulagern.

Follow Your Passion ist also eine intellektuelle Verkürzung, die dir im Leben nicht wirklich weiterhilft. Im Gegenteil, sie wird eher zu Frust und Versagensgefühlen führen. Wir raten also dringend davon ab, dieses populäre Mantra an die Zimmerwand deines Büros zu malen.

Ein besserer Kompass für eine gute Selbstständigkeit oder einen guten Side Hustle ist Kompetenz. Habe ich Fertigkeiten, die am Markt gefragt sind? Software-Entwicklung ist ein Beispiel. Früher als Nerds verschrien, sind Menschen mit Programmierkenntnissen heute gefragt und hochbezahlt. Sie können im Strandcafé sitzen und ihre Preise aufgrund der hohen Nachfrage immer weiter erhöhen.

Welche Kompetenzen hast du, mit denen sich Geld verdienen lässt? Welche Fertigkeiten könntest du über einen Side Hustle entwickeln? In welchem Bereich hast du vielleicht Insider-Wissen, das sich über Consulting verkaufen lässt? Bist du erfahrener Gastronom, professioneller Einkäufer in einem Konzern oder hast du nerdverdächtiges Wissen über französische Oldtimer?

Diese Kompetenzen lassen sich wahrscheinlich gut verkaufen. Ob du sie als Dienstleistung oder als Händler beziehungsweise Unternehmer anbietest, ist dann auch Typsache. Bist du dir unsicher, ob deine Dienstleistung auf Nachfrage trifft? Starte es als Side Hustle nach Feierabend! Teste den Markt! Finde deinen ersten, zahlenden Kunden!

Wenn du nun Lust bekommen hast, Geschäftsideen zu brainstormen, gratulieren wir dir. Dabei ist ein gutes Motto: Verlieb dich nie in deine eigenen Ideen!

Wir sind selber schon so oft Opfer der eigenen Euphorie geworden. Begeisterung ist großartig und gibt dir gerade am Anfang viel Energie, aber Testläufe sind noch besser. Denn es ist gefährlich, zu glauben, man wisse genau, was Kunden möchten. Wir wissen es nämlich meistens nicht. Auch mit viel Erfahrung nicht. Das mussten wir selber schon oft feststellen – bei eigenen Nebeneinkommen, bei Podcast-Themen oder auch beim Content-Marketing.

Zur Beruhigung: Selbst hochdotierte Hollywood-Produzenten wissen nicht, ob ein Film zum Hit oder zum Flop wird. Wenn sie das wüssten, wären sie reicher als Jeff Bezos. Auch sie können nur versuchen, die Wahrscheinlichkeiten zu ihren Gunsten zu drehen. In der amerikanischen Sprachwelt gibt es dafür die schöne Formulierung »educated guess«.

Es ist besser, am Anfang vor allem auf die Quantität der Ideen zu setzen. Lieber viele Ideen produzieren und sie dann nach kritischer Prüfung auch wieder »gehen lassen«. Wer die Biografien von erfolgreichen Unternehmern studiert, wird dieses Muster erkennen: Sie haben eigentlich alle viele Dinge ausprobiert, bevor sie ihren Gewinner gefunden haben. Ray Kroc hat McDonald's erst nach vielen anderen Versuchen entdeckt und mit seinem verkäuferischen Talent zum Welterfolg gemacht.

Mache Tests, betreibe Marktforschung. Aber vergiss niemals: Am Ende zählt nur eine einzige Meinung, nämlich die des zahlenden Kunden. Daher sind Freunde und Familie auch so schlechte Ratgeber. Sie sind dir, hoffentlich, zugetan und wollen dich unterstützen. Ihre Aussage über dein Produkt oder dein Projekt ist aber eingefärbt und damit wirtschaftlich wertlos.

Die gute Nachricht: Im Zeitalter des Internets sind Testläufe günstig und gehen schnell. Wenn du deine Idee also dem Markt zeigen möchtest, kannst du dies über Google, Crowdfunding-Plattformen oder Social Media machen. Dann gilt: Do Not Follow Your Passion, Follow The Market, Follow The Money!

Es gibt noch eine andere Idee, die in den sozialen Medien und in den Köpfen vieler junger Menschen populär ist: Du kannst alles werden, was du werden möchtest! Die moderne Erziehung speist diesen Größenwahn.

»Ich kann alles werden, was ich werden möchte« ist ein Rezept für fortlaufende Frustration. Denn dieser Pseudo-Philosophie fehlt der entscheidende Teil, nämlich der Mittelteil. Die Annahme zum Beispiel, mein Wunsch, Pilot zu werden, müsse nur stark genug sein, um auch wirklich Pilot zu werden, ist eine grob fahrlässige Verkürzung. Was ist, wenn ich zum Beispiel beim Sehtest durchfalle? Was ist, wenn ich so faul bin, dass ich die schulischen Voraussetzungen nicht erfülle? Was ist, wenn ich beim Assessment aussortiert werde, weil ich psychisch nicht geeignet bin? Das Pilotenbeispiel ist ja sogar noch harmlos. Wer Millionär werden möchte, aber keine Ahnung von Geld hat und auch kein belegtes Interesse, dies zu ändern, kann lange warten – im Zweifel auf die Erbschaft.

Wir behaupten: Nein, du kannst nicht ALLES werden, was du werden willst. Das ist auch okay so. Du kannst wahrscheinlich manchmal mehr, als du dir zutraust. Du kannst wahrscheinlich viele Dinge lernen und mehr erreichen, als du dir ausgemalt hast. Aber überall im Leben gibt es Grenzen, Feedback, Reality Checks. Das einfach zu ignorieren, ist kein Erfolgsrezept, sondern Verblendung. Ein besseres Rezept ist: Grenzen wahrnehmen, Feedback einholen und immer einen Plan B haben oder an einem solchen arbeiten.

EIN HOCH AUF DIE SPLEENIGKEIT

Diese Kapitelüberschrift scheint im genauen Widerspruch zu dem vorherigen Kapitel zu stehen. Auf den ersten Blick ist das auch so. Wir möchten euch in diesem Kapitel ermutigen, eure Eigenarten, Faibles und Spleens einmal unter die Lupe zu nehmen, auf Trüffelsuche in eurer Psyche zu gehen. »Warum sollte ich das tun?«, könnte der berechtigte Einwand sein.

Die Antwort ist: Kreativität ist eine Zukunftstechnologie, und sie hilft jedem Unternehmer und jedem Feierabendboss. Sie ist der Treibstoff der Innovation und eine Grundvoraussetzung für viele geschäftliche Handlungen. Kreativität und Spleenigkeit sind dabei eng miteinander verwandt.

Erlaube uns bitte einen kleinen gedanklichen Exkurs: Minderheiten sind ein Trendthema. Es gibt »gute« und »schlechte« Minderheiten, je nachdem, wer die Deutungshoheit hat. Gehörst du mit deiner Weltsicht zu den 10 Prozent oder zu den 90 Prozent? Wenn du zu den 90 Prozent gehörst, hast du viele Vorteile. Zur Mehrheit zu gehören, gibt uns ein Gefühl der Sicherheit und der Geborgenheit. Auch gibt es weniger Reibung innerhalb einer homogenen Gruppe. Wir erfahren Anerkennung und Respekt. Wir müssen uns für unser Handeln nicht rechtfertigen, weil es ja gefühlt alle so machen.

Der Mainstream hat aber auch Nachteile. Er fordert uns nicht, er kann unsere Gedanken müde und träge machen. Wir können dazu neigen, unsere Meinungen und Ansichten sukzessive der großen Gruppe anzupassen. Das kann auch unbewusst geschehen, der Mainstream hat Sogwirkung. Irgendwann erkennen wir uns dann selbst nicht wieder, weil wir uns Zentimeter um Zentimeter einer anonymen Masse angepasst haben. Entfremdung kann die Folge sein. Wir spüren uns nicht mehr, sind wie ferngesteuert. Die Bodenhaftung ist weg, weil wir so viele »fremde« Gedanken in unserem Kopf haben.

Wenn du dich als Teil einer Minderheit unwohl fühlst, dann kann es nützlich sein, innezuhalten anstatt zu versuchen, dich der Mehrheitsmeinung krampfhaft anzupassen oder dich mit deinen Ansichten und Ideen zu verstecken, weil du in der Minderheit bist: Erforsche diese Gedanken, gehe in die Tiefe! Vielleicht findest du hier die Trüffel, die zu einer Geschäftsidee oder einem Side Hustle führen können.

Es ist nämlich auch bei der Selbstvermarktung viel einfacher, wenn du dich aus der Masse hervorhebst – denn Angepasste gibt es schon en masse. Wenn du du selbst bleibst, bist du für andere viel leichter wiederzuerkennen. Ganz automatisch entsteht eine Eigenmarke. Du verbrauchst auch keine unnötige Energie, denn ungewollte Anpassung kostet viel Kraft und raubt dir den Spirit.

Zelebriere also deine Spleens! Anders sein ist nicht etwas, wofür du dich verstecken musst. Lebe deine Eigenarten aus, stehe dazu, in manchen Dingen exzentrisch zu sein. Nicht als Affektion, nicht als Gestus oder modisches Statement, sondern weil es deiner inneren Welt entspricht.

Historisch gesehen waren es immer die Andersdenkenden, die Innovationen und kulturelle Errungenschaften vorangetrieben haben. Erfinder, Unternehmer und auch Künstler leben im Grunde in einer Parallelwelt. Für sie sind der Status quo einfach nur Konventionen, Dinge, auf die sich eine Mehrheit geeinigt hat. In ihrem Kopf suchen sie ständig nach Alternativen, denn sie wissen, dass viele »Tatsachen« ein Ablaufdatum haben und das Unmögliche nicht immer unmöglich bleibt. Sie können die Ungewissheit aushalten, die ein Leben jenseits der Denkkonventionen mit sich bringt.

Als Feierabendboss kannst du diese Mentalität bewusst für dich nutzen. Wenn du zum Beispiel nach neuen Geschäftsidee suchst, dann schaue dir den Markt an und frage dich: Was machen 90 Prozent der Leute und was machen 10 Prozent der Leute? Die interessanten Optionen könnten auf der Seite der Minderheit sein!

Wenn du nach einem Marketingkonzept für dein Business suchst, dann frage dich: Was machen die 10 Prozent, und was machen die 90 Prozent? Du kannst dieses Spiel immer weitertreiben. Wenn du die 10 Prozent herausgekitzelt hast, dann frage dich: In dieser Nische, was machen die 10 Prozent und was machen die 90 Prozent?

Eigentlich ist alles, was die Kreativität belebt, nützlich für den Feierabendboss. Also, ein Hoch auf die Spleenigkeit und darauf, einen eigenen Kopf zu haben und zu behalten!

Profitipp: Um von deinen Einfällen und Eigenarten maximal zu profitieren, ist es schlau, jede noch so kleine Idee zu notieren. Ideen sind flüchtig, so wie Wolken ziehen sie durch unsere Köpfe. Daher unser Appell: Alle Ideen sofort festhalten, ob mit einem Stift, einem Smartphone oder sonstwie. Versuche nicht, diese spontanen Ideen zu bewerten oder zu kategorisieren, sondern notiere sie einfach mit Dankbarkeit und Wertschätzung. So trainierst du dein Gehirn darauf, immer mehr neue Ideen zu produzieren. So bleibst du agil.

WARUM DU NOCH KEINEN SIDE HUSTLE HAST!

In der Welt der Unternehmensgründungen gibt es die Begriffe »Wannapreneur« oder »Instagram-Entrepreneur«. Das ist jemand, der gerne ein Entrepreneur oder Unternehmer wäre, es aber nie wirklich macht. Er oder sie spielt in Gedanken damit, legt sich vielleicht sogar ein entsprechendes Profil an. In Wirklichkeit passiert aber nichts, es sind Thekenträume.

Du gehörst natürlich nicht zu dieser Kategorie, aber vielleicht hast du dich einen der folgenden Gedanken auch schon mal denken oder aussprechen hören.

1. **Im Moment bin ich mit meinem Nine-to-five-Job total ausgelastet!**
   Das Too-Busy-Argument. Kann gut sein, dass dein Hauptjob dir viel abverlangt. Es gibt aber auch Side Hustle (Dog Walking, Messerschleifer et cetera), die ausgleichend wirken und sogar Energie spenden. So mancher Side Hustle ist eine gute Ausrede, an die frische Luft zu gehen. Andere wiederum spenden Energie, weil sie kreativen oder sozialen Ausgleich bieten.
2. **Mein Arbeitgeber sieht das nicht gern!**
   Ist das erfahrungsbasiert oder eine Vermutung? Was sagt es über deinen Arbeitgeber aus, wenn er nicht möchte, dass

du dir weitere Standbeine aufbaust? Sollte dich das wirklich daran hindern?
In einigen Fällen könnte dein Nebenjob tatsächlich deinen Vollzeitjob gefährden. Frage daher einfach mal die Personalabteilung, ob es Einschränkungen für den Side Hustle gibt, den du dir vorstellst.

3. **Finanziell habe ich das überhaupt nicht nötig!**
Hm, das klingt nach einer Betrachtung der Gegenwart, bei der die Zukunft idealisiert oder ausgeblendet wird. Bist du wirklich finanziell unabhängig, trifft diese Aussage zu. Solange du allerdings abhängig beschäftigt bist, ist diese Aussage überoptimistisch. Ohne schwarz zu malen, aber wer weiß schon, wie lange es den jeweiligen Job noch gibt?
4. **In meiner Freizeit möchte ich mich nicht mit Geld verdienen beschäftigen, sondern lieber Spaß haben!**
Kann man so machen. Aber nochmal die Frage: Bist du finanziell unabhängig, sodass du dir diese Haltung leisten kannst? Drastisch ausgedrückt: Wenn ich mich nicht mit dem hässlichen Thema Geld beschäftigen möchte, muss ich mich leider irgendwann mit den hässlichen Konsequenzen des Nichtbeschäftigens beschäftigten ...
5. **Mir fehlt noch die zündende Idee!**
Als Feierabendboss musst du kein Genie sein. Die einfachsten Ideen sind oft die besten. Reselling ist so alt wie die Menschheit selber, Händler und Kaufleute gab es schon im Alten Testament. Etwas günstig einkaufen und teurer wieder verkaufen ist komplett unoriginell, dafür aber nicht weniger lukrativ. Wenn du dabei noch mehr Spaß haben willst, kannst du ja die Dinge an- und verkaufen, die du besonders magst: Oldtimer, Bücher, Computerspiele et cetera.

6. **Ich glaube felsenfest an die staatlichen Versorgungssysteme.** Leider hält sich die romantische Idee »der Staat wird mich schon nicht hängen lassen« sehr hartnäckig. Fakt ist: Die gesetzliche Rente wird für die meisten – vor allem jungen Menschen – nicht mehr ausreichen. Auch ein kleiner Riester-Vertrag wird die Versorgungslücke nicht schließen können. Wer das nicht glaubt und die ersten Kapitel übersprungen hat, dem empfehlen wir das Kapitel »Rente reloaded«.
7. **Ich bin zu alt, zu jung, zu schlau, zu dumm!** Eine Ausrede können wir nach über 50 Interviews mit Side Hustlern auf keinen Fall mehr gelten lassen: Dafür bin ich zu alt! Wir haben Menschen interviewt, die mit 60 nochmal neu angefangen haben! Die große Lektion, die wir bei unseren Interviews mit älteren Menschen gelernt haben: Ein Nebeneinkommen bietet neben dem monetären Nutzen auch noch die Möglichkeit, die Gehirnzellen in Bewegung zu halten.

Ein Side Hustle kann auch einen neuen Lebensabschnitt einläuten. Wir kommen wieder mit neuen Menschen in Kontakt, das soziale Leben blüht auf. Wer mit Oldtimern oder Antiquitäten handelt, wird viel unterwegs sein.

Vielleicht kann es sogar etwas sein, das man schon lange ausprobieren wollte, aber aufgrund von Sachzwängen immer vernachlässigt hat. Ein schlummernder Lebenstraum, der endlich zum Leben erwacht. Dem Traum von der Schauspielerei nähert man sich mit dem Nebenjob als Komparse.

FÜNF GRÜNDE FÜR EINEN SIDE HUSTLE

Im Vorwort haben wir bereits einige Gründe, die für ein Nebeneinkommen sprechen, skizziert. An dieser Stelle kommt unser flammendes Plädoyer dafür, noch heute Feierabendboss zu werden. Wir hoffen, dass wir damit die letzten Zweifel aus dem Weg räumen können und euch den entscheidenden Motivationsschub verpassen. Bei unseren Interviews mit Side Hustlern haben wir gemerkt, dass die Motivlage sehr unterschiedlich ist. Wir Menschen sind eben doch in unserer Persönlichkeit und Lebenssituation sehr verschieden. Hier kommt also unsere Top 5:

Grund 5: Das Leben ist kurz! Carpe diem!

Mit deinem Nine-to-five-Job kannst du deine vielfältigen Talente, Interessen und Ideen bestimmt nicht vollständig ausleben. Side Hustles geben dir die Chance, eine facettenreiche Persönlichkeit zu sein. Vielleicht hast du Lebensträume, Dinge, die du schon immer mal ausprobieren wolltest, eine Bucket List?

Wir kennen Leute, die ihr Leben lang davon träumen, Schauspieler zu werden. Nun sind sie in ihren besten Jahren und das Leben hat ihnen einen Strich durch diese Rechnung gemacht. Vom Alltag gefangen, mit forderndem Beruf und Familie haben sie kaum Zeit für Hobbys, geschweige denn für eine neue Karriere. Sie bewerben sich als Komparsen, weil ihnen ein Bekannter begeistert davon erzählt hat. So schnuppern sie Filmluft, sind zum ersten Mal in ihrem Leben an einem echten Filmset. Irgendwann fragt der Regisseur, ob sie in einer kleinen Szene mitspielen möchten, sie sollen zwei Sätze sprechen. Die erste Sprechrolle! Plötzlich sind sie vom Komparsen zum Kleindarsteller aufgestiegen. Vielleicht nehmen sie an einem Wochenende an einem Schauspielkurs teil. Ein paar Monate später sind sie bei einer Agentur gelistet und es ist ein regelmäßiges Nebeneinkommen daraus geworden.

Jasmin liebt Hunde. Sie will mehr Zeit mit Hunden und weniger Zeit mit Excel-Tabellen verbringen. Eines Tages schaut sie *Sex and the City* und ihr fällt eine Dogwalkerin auf, die im Hintergrund vorbeiläuft. Dieses Bild prägt sich bei ihr ein, sie will das auch probieren. Erst fängt sie klein an, indem sie ihren eigenen Labrador und den Dalmatiner der Nachbarin ausführt. Ihr Service spricht sich herum, nach zwei Monaten hat sie ein Dogwalking Business. Die Zeit an der frischen Luft und mit den Tieren tut ihr gut. Sie blüht auf. Am Ende des Jahres schraubt sie ihren Vollzeitjob runter. Sie liebt ihren neuen Side Hustle und steht finanziell sogar besser da als vorher.

Grund 4: Du erlernst immer neue Skills, trainierst den Unternehmermuskel

Michael wollte immer schon mal seine Bude auf Vordermann bringen und so richtig ausmisten. Im Lockdown verbringt er viel Zeit zu Hause und fängt an, die ersten Sachen auf eBay zu verkaufen. Die Auktionen machen ihm Spaß, sie wecken seinen Spieltrieb. Nachdem er alles Aussortierte losgeworden ist, ist er im Flow und möchte unbedingt weitermachen. Ihm kommt eine Idee: Wie wäre es, Möbel vom Sperrmüll mitzunehmen und in seiner Garage aufzuhübschen? Shabby Chic ist im Trend und er wird immer geschickter darin, seine Möbel auf eBay zu präsentieren. Auch die Fotos werden immer besser und seine Beschreibungstexte sind richtige kleine Werbetexte. Ganz nebenbei hat er sich neue, wertvolle Skills angeeignet. Auch lernt er immer mehr, unternehmerisch zu denken. Er überlegt sich, wo er noch alte Möbel auftreiben kann und welche Arten von Möbeln die besten Margen haben.

Wer über einen Side Hustle lernt, unternehmerisch zu denken, kann eigentlich in jeder Konjunkturlage Geld verdienen. Es ist wie eine Metafähigkeit.

Grund 3: Diversifizieren ist das beste Risikomanagement

Ein Eigenheim ist ein Klumpenrisiko. Eine Flutkatastrophe kann dich finanziell ruinieren. Ein Job ist ein Klumpenrisiko. Ist er futsch, ist alles futsch.

Wer clever investiert, wird sein Risiko minimieren, indem er sein Geld streut. Nicht alle Eier in einen Korb legen ist das Motto. So ist es auch mit Side Hustles. Je mehr Einkommensströme du hast, desto weniger dramatisch ist der Verlust eines einzigen. Es heißt nicht umsonst, dass die meisten Millionäre sieben Einkommensströme haben.

Zum Glück musst du nicht ständig an allen Side Hustles arbeiten. Manche lassen sich aufbauen und laufen dann mit minimalem Aufwand nebenher. Wenn du gebrauchte Bücher über den Amazon Marketplace verkaufst, nimmst du dir ein paar Stunden, um ein paar Dutzend Bücher einzustellen. Dann wartest du ganz entspannt darauf, dass die Bestellungen hereinkommen und hast vielleicht noch zehn Minuten Arbeit pro Bestellung.

Oder jemand schreibt ein E-Book über Fly Fishing. Wenn es einmal online ist, wird es im besten Fall zum Selbstläufer. Die Tantiemen werden von Amazon jeden Monat auf sein Girokonto überwiesen. P.S.: Natürlich hilft es den Verkaufszahlen, wenn man Werbung für sein Buch macht.

Grund 2: Arbeitsplatzsicherheit ist nicht mehr das, was sie einmal war

Unsere Wirtschaft ist im Umbruch und die Lockdowns haben es für jeden spürbar gemacht: Jobsicherheit ist in den meisten Fällen eine schöne Illusion. Während die Generationen vor uns noch die Möglichkeit hatten, 30 Jahre lang bei demselben Arbeitgeber zu arbeiten, gibt es dieses Gefühl der Sicherheit auf dem heutigen Markt einfach nur noch sehr selten.

Für viele, die unerwartet entlassen wurden, ist das Schlimmste, dass sie ganz neu anfangen müssen. Viele stehen vor dem Nichts. Sie wären gelassener, wenn sie einen Side Hustle hätten, der sie bis zum nächsten Vollzeitjob am Leben halten könnte.

Der Nebenjob macht es möglich, Geschäftsideen zu testen und erste Kundenbeziehungen aufzubauen, ohne den Druck zu haben, ein komplettes Einkommen generieren zu müssen. Wenn dann eine Entlassung droht, kann man diese Kunden ansprechen und sie ganz unverblümt fragen, ob sie einen noch mehr brauchen. Wer weiß, vielleicht sind sie froh, dass man endlich mehr Zeit für sie hat.

Grund 1: Jeder freiheitsliebende Mensch braucht Fuck-You-Money!

Bist du wirklich frei, solange du finanziell abhängig bist? Kannst du deine Meinung wirklich frei äußern, wenn du Angst um deinen Arbeitsplatz hast? Kannst du wirklich NEIN sagen, wenn deine gesamte Existenz an einem Job hängt?

Wir gehen davon aus, dass Menschen von Natur aus die Freiheit lieben. Niemand möchte sich gerne dominieren oder von anderen Vorschriften machen lassen. Solange du aber finanziell in Abhängigkeit stehst, sind deine Optionen begrenzt. Du musst Kröten schlucken, die dir überhaupt nicht schmecken. Du ballst so oft die Faust in der Tasche, dass deine Hosentaschen ganz ausgeleiert sind.

Wenn du aus vollem Herzen »Fuck You« sagen möchtest, dann brauchst du eben auch Fuck-You-Money! Alleine zu wissen, dass du »Fuck You« sagen könntest, wird dein Stresslevel schon um Oktaven senken. Versprochen!

WIE FINDE ICH NEUE SIDE-HUSTLE-IDEEN?

Die 33 Side Hustles, die wir in diesem Buch vorstellen, sind leicht kopierbare Konzepte. Manche können einfach 1 zu 1 übernommen werden, manche können aber auch ausgeweitet, angepasst oder individualisiert werden.

Es gibt aber auch Feierabendbosse, die lieber ihr ganz eigenes Geschäftsmodell entwickeln möchten. Manche möchten ihr Hirnschmalz nutzen, um etwas Neues zu kreieren. Wir haben dafür viel Verständnis, es macht einfach Spaß, neue Ideen zu brainstormen.

In diesem Kapitel liefern wir Denkansätze und Denkrahmen, mit denen wir beim Entwickeln von neuen Geschäftsideen gut gefahren sind. Nehmt euch etwas Zeit, um diese Mini-Brainstormings zu machen. Man kann sie auch gut mit einem Geschäftspartner in spe erledigen, denn Ideen sind soziale Wesen, die sich gerne untereinander austauschen.

Nennen wir das erste Denkkonzept »The 1 Percent«. Es geht so: Denke darüber nach, welche Annehmlichkeiten, Luxusgüter und Services die Superreichen in Anspruch nehmen. Wenn du Inspiration brauchst, schaue dir zum Beispiel Netflix-Serien wie *Selling Sunset* an. Dort siehst du, wie die globale Elite Immobilien aussucht, und bekommst interessante Einblicke in die Welt der Reichen und Schönen. Mache eine Liste von Dingen, die Superreiche nutzen, von denen der Rest der Menschen nur träumen kann.

Schaue dir nun jeden Service und jedes Produkt auf dieser Liste an und frage dich: Wie kann ich diesen Service so anpassen, dass er massentauglich wird? Was muss ich tun, um dieses Luxusgut zu demokratisieren? Ein Beispiel: Viele Reiche stellen einen Personal Chef an, der für die eigene Familie oder auf Feiern kocht. Hm, wie kann man dieses Modell herunterbrechen? HelloFresh, ein Start-up aus Berlin, hat genau das gemacht.

HelloFresh wurde 2011 gegründet und ist mittlerweile sogar im Dax vertreten. Das Unternehmen bietet sogenannte Kochboxen an. Diese beinhalten vorbereitete Zutaten und Rezepte, die im Abonnement erhältlich sind.

HelloFresh bezeichnet sich selbst als größten Lieferdienst für Lebensmittel nach Rezept.[15]

Übrigens: Bist du Influencer mit über 50.000 Followern, dann kannst du mit HelloFresh zusammenarbeiten und Geld verdienen.

Das nächste Denkkonzept nennen wir »Frustfinder«. Welchen Schmerz hast du in deinem Leben? Welche Dinge nerven dich im Alltag, wo entwickelst du enorme Unlust? Ist es das Bügeln deiner Bürohemden oder der Einkauf für das Abendessen? Nerven dich Online-Suchen nach Geschenken oder das Buchen von Urlaubsreisen? Würdest du gerne mehr Sport treiben, hast aber keine Lust auf die Stop-and-Go-Autofahrten ins Gym? Führe eine Woche lang Tagebuch und notiere alles, was dir total auf die Nerven geht. Sehe es als eine Art Therapie, lasse den Frust raus. Nach einer Woche schaust du dir die Liste an und überlegst: Welcher Service oder welches Produkt würde mich von diesem oder jenem Schmerz befreien? Wenn nicht befreien, welches Produkt würde meinen Schmerz zumindest lindern?

Ein Beispiel: Dich nervt, dass du den Kleiderschrank voller Klamotten hast, die zu schade zum Wegwerfen sind, aber Zeit für einen Flohmarkt findest du auch nie. Wir vermuten, dass du damit nicht alleine bist. Die Frage ist nun, welche Dienstleistungskonzepte dieses Problem lösen könnten. Würdest du deine Klamotten zu einem »eBay-Shop« bringen, der sie dann für dich, gegen eine Provision, verkauft? Wäre dies vielleicht ein interessantes Geschäftskonzept?

Der dritte Denkrahmen soll den Namen »Reisefieber« bekommen. Manchmal fallen uns auf Reisen Sachen auf, die wir in unserem Alltag zu Hause vermissen. Vielleicht sitzen wir zum Dinner in einem netten Restaurant und trinken einen Aperitif, der in dem Reiseland ungeheuer beliebt ist. Alle Gäste im Restaurant scheinen diesen Drink zu lieben. In deiner Heimat kennt ihn niemand. Könnte sich daraus ein Side Hustle ergeben?

Christian hat Mitte der Neunziger in New York den Aufstieg des Coffee to go miterlebt. Plötzlich lief halb Manhattan mit einem Pappbecher in der Hand herum. Als er einem befreundeten Bäckereibesitzer in Deutschland davon erzählte, wiegelte der ab. »Die Leute wollen ihren Kaffee in Ruhe aus einer vernünftigen Tasse trinken. Kein Mensch möchte mit einem Pappbecher durch die Gegend laufen.«

Methode Nummer vier nennen wir »Gegentrendsetter«. Hierzu musst du deine Beobachtungsgabe schulen und lernen, Muster zu erkennen. Sobald du einen Trend entdeckst, frage dich, was am anderen Ende dieses Phänomens steht. Finde die Antithese! Anstatt also dem Trend hinterherzulaufen, machst du dir Gedanken über eine mögliche Gegenbewegung und wie du davon profitieren könntest. Im Kapitel über Spleenigkeit sprechen wir auch über diese besondere Art, die Welt zu sehen und zu interpretieren. Ein Beispiel: Der Fast-Food-Trend hatte irgendwann einen Gegenspieler, nämlich die Slow-Food-Bewegung. Welche Nebeneinkommen könnten sich in diesem Kontext lohnen?

Das letzte Denkkonzept soll »Beschwerdemuster« heißen. Es knüpft an den Frustfinder an, ist aber weniger egozentrisch. Dieses Mal trainierst du dich darin, den Menschen in deinem Umfeld genau zuzuhören, an der Theke, in der Bahn und an der Kasse. Worüber motzen sie, abgesehen vom Wetter. (Obwohl sich auch daraus wahrscheinlich Geschäftsideen entwickeln lassen würden.) Gibt es Themen, die offenbar viele Menschen umtreiben? Welche Muster kannst du ausmachen, wo stapeln sich die Beschwerden? An diesen Knotenpunkten solltest du ansetzen, hier sollten deine Meditationen beginnen.

Vielleicht hat dich eine dieser Methoden angesprochen und du findest damit deinen ganz persönlichen Side Hustle. Vielleicht brauchst du noch etwas mehr Input. Dann könnte dir das nächste Kapitel, in dem Christian seine erprobte Meta-Kreativitätstechnik vorstellt, gefallen.

KREATIVITÄT TRAINIEREN MIT DIESER META-TECHNIK

Es gibt Dutzende Bücher, die Kreativitätstechniken präsentieren. Wir möchten uns in diesem kurzen Kapitel auf eine Meta-Technik konzentrieren. Sie ist Christians absolute Lieblingstechnik und er nutzt sie schon seit vielen Jahren.

Also, die Meta-Technik, die wir hier vorstellen möchten, heißt Flow![16]

Was mit Flow gemeint ist, werden die meisten ganz intuitiv verstehen. Synonyme könnten »einen Lauf haben« oder »im Groove sein« lauten. Damit wird ein Zustand beschrieben, in dem unsere Aufmerksamkeit reibungslos von einem Moment zum nächsten fließt, eine Aktivität, die uns ganz und gar absorbiert.

Jeder Mensch kommt auf seine eigene Art in Flow-Zustände. Viele, die von ihrer Kreativität leben, berichten, dass sie vor allem abseits des Schreibtischs in den Flow kommen. Bei uns um die Ecke ist eine große Werbeagentur und durch die Schaufenster kann man sehen, wie dort rund ein Dutzend Kreative vor großen Bildschirmen sitzen. Sind diese Menschen wirklich acht Stunden am Stück produktiv? Für uns ist das kaum vorstellbar.

Beliebte Ort jenseits des Schreibtischs sind die Badewanne oder die Dusche, manche schwören auch auf das Flanieren durch die Stadt oder die Rudermaschine im Fitnessstudio. Was auch immer für dich funktioniert, suche es, und wenn du es gefunden hast, reize es aus. Sei absolut schamlos und rücksichtslos. Schere dich weder um soziale Regeln noch um Anstand oder Höflichkeit. Sprich die Ideen auf die Aufnahme-App deines Smartphones, schreibe sie notfalls mit einem Kugelschreiber auf deine Hand.

Der Gedanke, dass du dich auch zwei Stunden später, nach dem Kinobesuch, noch an den genialen Einfall erinnerst, ist pures Wunschdenken. Nicht, dass es nie klappt, aber alleine die Möglichkeit, dass du den genialen Einfall verlierst, ist zu riskant.

Einfälle sind wie Wolken, die durch unsere Köpfe ziehen. Es kommen einfach immer neue, und wir haben den Umriss der einen Wolke, die uns so gut gefallen hat, schneller wieder vergessen, als wir glauben.

Also: Nutze das Gefühl von Flow! Wenn du einen kreativen Lauf hast, unterbrich ihn auf keinen Fall! Entschuldige dich im Zweifel später, aber lass es dir durch einen Freizeit-Termin oder Ähnliches nicht verderben.

Die andere Seite dieser Medaille ist: Verkrampfe nicht, wenn der Flow-Zustand nicht eintritt. Das passiert immer wieder, auch den erfahrenen Profis. Lasse auch das einfach zu und stehe vom sinnbildlichen Schreibtisch auf. Putze deine Schuhe oder was auch immer dir gerade so unglaublich wichtig erscheint. Du kannst Flow nicht erzwingen, du kannst ihn nur einladen. Es ist wie mit kleinen Kindern: Wenn du Druck ausübst, machen sie meistens zu. Wenn du dein Ding machst, dann kommen sie wahrscheinlich irgendwann und suchen den Kontakt. Eine lässige, freundliche Grundhaltung gegenüber deiner eigenen Kreativität ist daher das Optimum.

SELBSTTEST:
IST EINE SELBSTSTÄNDIGKEIT ETWAS FÜR DICH?

Viele Menschen träumen von mehr Freiheit im Alltag und würden gerne selbstbestimmter arbeiten. Der Übergang von einer Vollzeit-Karriere in die Selbstständigkeit ist allerdings eine riesige Veränderung im Leben eines jeden Menschen.

Bist du wirklich bereit für diesen Schritt, oder solltest du den Traum vom Unternehmertum oder der Selbstständigkeit noch eine Weile auf Eis legen? Vielleicht ist es für dich besser, als Feierabendboss zu starten?

Um dir die Selbsteinschätzung und Entscheidung zu erleichtern, mache doch bei unserem Selbsttest mit!

Wie stark ist dein Antrieb, in deiner eigenen Arbeit erfolgreich zu sein?

1.	Ich kann und werde ein Erfolg sein. Punkt.	☐
2.	Ich bin ziemlich zuversichtlich, dass ich, wenn ich mich darauf konzentriere, Erfolg haben werde.	☐
3.	Ich bin mir nicht sicher. Lass mich eine Weile darüber nachdenken!	☐
4.	Habe ich gesagt, dass ich mein eigenes Unternehmen gründen will? Bist du sicher, dass ich das war?	☐

Bist du bereit, härter zu arbeiten als jemals zuvor in deinem Leben?

1.	Darauf kannst du wetten! Ich bin bereit, alles zu tun, was nötig ist, um erfolgreich zu sein!	☐
2.	Sicher, es macht mir nichts aus, hart zu arbeiten, solange ich etwas davon habe.	☐
3.	Okay, solange ich noch Wochenenden und Abende frei habe.	☐
4.	Was? Du meinst, ich muss immer noch arbeiten, nachdem ich mein eigenes Unternehmen gegründet habe? Ist das nicht der Grund, aus dem ich Mitarbeiter einsetze?	☐

Gefällt dir die Idee, deine eigene Arbeit zu kontrollieren – anstatt jemanden zu haben, der dir ständig über die Schulter schaut?

1.	Ich will nicht, dass jemand meine Arbeit kontrolliert, außer mir selbst!	☐
2.	Das ist sicherlich meine erste Wahl.	☐
3.	Das klingt nach einer interessanten Idee. Glaube ich zumindest.	☐
4.	Muss ich meine eigene Arbeit kontrollieren? Kann die nicht jemand für mich kontrollieren?	☐

Hast du bereits ein Netzwerk von zukünftigen Kunden aufgebaut?

1.	Ja, hier sind ihre Namen und Nummern!	☐
2.	Ja, ich habe einige ziemlich starke Interessenten!	☐
3.	Noch nicht, aber ich habe angefangen, einige Ideen mit potenziellen Kunden zu diskutieren.	☐
4.	Ich bin sicher, dass, sobald ich die Leute wissen lasse, dass ich mein eigenes Unternehmen gründe, die Kunden auftauchen werden.	☐

Hast du einen Plan, wie du den Übergang in die Selbstständigkeit schaffen wirst?

1.	Hier ist er! Möchtest du die Zusammenfassung oder den vollständigen Plan lesen?	☐
2.	Ja, ich habe viel Zeit damit verbracht, über meine Möglichkeiten nachzudenken und Pläne zu machen.	☐
3.	Ich fange doch gerade erst an.	☐
4.	Ich glaube nicht an Pläne, sie entsprechen nicht meinem Stil.	☐

Hast du ein finanzielles Polster aufgebaut?

1.	Ich habe ein Jahresgehalt gespart.	☐
2.	Ich habe genug Geld für sechs Monate zurückgelegt.	☐
3.	Ich stehe drei Monate durch.	☐
4.	Ich versuche immer noch, meine alten Kredite zurückzuzahlen.	☐

Wie stark ist dein Selbstwertgefühl?

1.	Ich habe ein starkes Selbstvertrauen!	☐
2.	Ich glaube schon fest an meinen eigenen Selbstwert und an meine Fähigkeit, meine eigenen Möglichkeiten zu schaffen.	☐
3.	Ich fühle mich ziemlich sicher mit mir selbst, dränge nur nicht zu sehr.	☐
4.	Ich weiß nicht, was denkst du denn?	☐

Hast du die Unterstützung deines Partners und/oder deiner Familie?

1.	Sie sind alle an Bord, sind ein integraler Bestandteil meines Plans und wurden mit Verantwortlichkeiten betraut.	☐
2.	Sie stehen für das, was mich glücklich macht.	☐
3.	Ich bin mir ziemlich sicher, dass sie mich unterstützen werden.	☐
4.	Ich werde es ihnen bald erzählen.	☐

Wenn du deine Selbstständigkeit erst einmal als Feierabendboss, also mit einem Side Hustle starten möchtest: Könntest du es mit deinem aktuellen Job vereinbaren?

1.	Ja, klar! Vielleicht will mein Chef sogar mit einsteigen!	☐
2.	Wenn ich ein paar Anpassungen in meinem Zeitplan vornehme, sehe ich keinen Grund, warum ich es nicht kann.	☐
3.	Würdet ihr bitte die Frage wiederholen?	☐
4.	Vielleicht kann ich ein paar Stunden im Monat daran arbeiten.	☐

Was wirst du Freunden sagen, wenn sie dich fragen, warum du diesen tollen Job gekündigt hast?

1.	Ich bin endlich frei!	☐
2.	Dass der Nutzen die potenziellen Kosten deutlich überwiegt.	☐
3.	Ich weiß nicht, vielleicht werden sie nicht fragen.	☐
4.	Ich werde so tun, als würde ich immer noch für meine Firma arbeiten.	☐

Bitte trage in der nachfolgenden Tabelle die Anzahl der jeweiligen Antworten ein. Also, wie oft hast du die Antwortmöglichkeit 1 angekreuzt, wie oft die Antwortmöglichkeit 2 und so weiter. Multipliziere die Anzahl mit dem aufgeführten Faktor und trage das Ergebnis in die Spalte »Ergebnis« ein. Bilde dann die Summe der Einzelergebnisse, um dein Gesamtergebnis zu erhalten. Dieser Wert gibt dir einen Hinweis darauf, ob dir eine Selbstständigkeit liegt.

Es handelt sich hierbei natürlich nicht um eine abschließende Bewertung, sondern um eine Momentaufnahme oder Tendenz. Nichts ist in Stein gemeißelt, man kann sich ändern.

Antwort	Anzahl	x Faktor	Ergebnis
1		10	
2		8	
3		2	
4		1	
Gesamtergebnis			

Auflösung auf der Seite 196.

NIMM ES SELBER IN DIE HAND!

Viele träumen davon, ihr eigener Boss zu sein. Eine Gründung ist allerdings eine komplexe Angelegenheit, egal, ob du Investoren gewinnen kannst oder es selber aufziehst. Neun von zehn Unternehmensgründungen scheitern. Das ist bitter. Eine Unternehmensgründung ist also, um einmal Investment-Jargon zu benutzen, ein Klumpenrisiko, denn du legst alle Eier in einen Korb. Side Hustles erlauben dir im Gegensatz dazu Diversifikation und damit eine Streuung des finanziellen Risikos.

Wir schlagen daher vor: Werde zum Feierabendboss! Ein Side Hustle gibt dir die Möglichkeit, klein zu starten und mehrere Ideen nacheinander oder sogar parallel auszuprobieren. Mit dieser Strategie befindest du dich übrigens in guter Gesellschaft: Fast zwei Drittel aller Gründungen in Deutschland haben als nebenberufliche Selbstständigkeit begonnen.

Die Vorteile eines Nebeneinkommens:

- Je nach Geschäftsidee brauchst du kaum oder sogar überhaupt kein Startkapital.
- Du kannst es ohne Existenzangst nach dem Feierabend starten.
- Du kannst schneller und häufiger »scheitern« aka lernen.
- Zusätzliche Einkommensströme machen dich unabhängiger vom Hauptjob.

- Auch ein schlau investiertes Nebeneinkommen kann dich auf lange Sicht reich machen.
- Ein Nebeneinkommen ist eine »Selbstständigkeit im Sandkasten«, eine Spielwiese für zukünftige Unternehmer.
- Es macht einfach Spaß, auszuprobieren, ob sich eine Idee wirklich zu Geld machen lässt.
- Finanzielle Freiheit bedeutet auch Meinungsfreiheit.

Mit diesem Buch wollen wir motivierte Menschen dabei unterstützen, so schnell wie möglich zum Feierabendboss zu werden. Denn vermutlich hast du unser Buch auch gekauft, weil du nach konkreten Ideen für ein Nebeneinkommen suchst.

In den nächsten Kapiteln wollen wir dir genau das liefern: Geschäftsmodelle, die hervorragend nebenbei funktionieren. Wenn dich eine von unseren Nebeneinkommensideen anspricht, kannst du in der Regel noch heute damit starten. Wir haben alle Nebeneinkommen grob sortiert, sodass je nach Geschick und Interesse für jeden zukünftigen Feierabendboss etwas dabei sein sollte.

Die Side Hustles können aber auch als Inspirationsquelle gesehen werden, als ein Büfett. Gerade die abgedrehten Geschäftsmodelle im letzten Kapitel erweitern den Horizont, zeigen uns, dass mit Vorstellungskraft und einer gewissen Spleenigkeit sehr interessante Dinge entstehen können. Konventionen konsequent zu hinterfragen macht Spaß und kann zu erstaunlichen Produktideen führen.

TEIL 2:

PRAKTISCHE SIDE-HUSTLE-IDEEN

ENDLICH (LEGAL) HANDGREIFLICH WERDEN

In diesem Teil des Buchs haben wir Nebeneinkommen zusammengestellt, die vor allem für Leute gedacht sind, die gerne etwas mit den eigenen Händen machen möchten. Wahrscheinlich also attraktiv für alle, die viel Zeit im Büro verbringen und sich nach Abwechslung sehnen.

Messerschleifer: Umherziehen als analoger Nomade

»Wer kein Messer hat, kann kein Brot schneiden.«

Sprichwort

Startvoraussetzungen: Fingerfertigkeit und Lernbereitschaft
Persönlichkeit: handwerklich und kommunikativ
Skills: Messer schleifen
Vorteile: mehr Gelassenheit durch meditative Arbeit

Dieser Side Hustle ist eine scharfe Sache für alle, die ohnehin gerne mit ihren Händen arbeiten oder es wieder mehr machen möchten.

Jedes Messer verliert im Laufe der Zeit an Schärfe. Der Stahl der Schnittkante wird aufgeraut, und es entsteht ein sogenannter Grat. Die Klinge ist nun breiter und damit auch stumpfer geworden.

Jetzt stehst man als Konsument, Koch oder Jäger vor der Wahl: ein neues Messer kaufen, das Messer selber schleifen oder das Messer fachmännisch schleifen lassen.

Ein Blick in die virtuellen Gelben Seiten ist ernüchternd. Wir haben beispielhaft für den Kölner Raum gesucht und nur einen einzigen Anbieter in Köln selber gefunden. Hausbesuche macht dieser nicht.

FUN FACT:

Das Gewerbe des Scherenschleifers hatte früher keinen guten Ruf. So gibt es im Schwäbischen noch heute das Schimpfwort »Scheraschleifer«. Damit ist ein Taugenichts gemeint, dem man nicht über den Weg trauen kann. Manche der umherziehenden Scherenschleifer erbrachten – unter anderem auch auf der Schwäbischen Alb mit ihren einstmals vielen Textilbetrieben – mit schlechtem Werkzeug und teils durch Unvermögen (zu hohe Temperatur des Schleifguts, unverhältnismäßig viel Materialabtrag) keine nachhaltige Schärfleistung, sodass die Messer und Scheren schnell wieder stumpf wurden.

Manche Scherenschleifer hatten früher sogar ein dressiertes Äffchen dabei, um Publikum anzuziehen.

Daher rührt die Redensart: »Er sitzt da wie'n Affe auf'm Schleifstein!« – das Tier saß natürlich nicht wirklich auf dem drehenden Stein, sondern hüpfte mit dem Hinterteil dauernd auf und ab.[17]

Die erste Marktanalyse ist also sehr erfreulich: potenziell große Nachfrage, offenbar geringes Angebot.

Ruben hat von dieser Geschäftsidee im Podcast »Side Hustle Nation« gehört und als passionierter Hobbykoch und Messerliebhaber gleich geschaut, ob sich dieses Konzept auch auf Deutschland übertragen lässt.

Das Gerät, mit dem der im Podcast interviewte Matt arbeitet, gibt es übrigens auch bei uns in Deutschland zu kaufen. Es heißt

Edge Pro Apex 4 Messerschärfsystem und kostet aktuell rund 250 – 290 Euro. Das Schleifsystem ist relativ kompakt und schnell montiert.

Mache es doch, wie es der Amerikaner Matt gemacht hat: Schaue dir YouTube-Videos an und übe im ersten Schritt an deinen eigenen Messern. Biete Freunden und Familie deinen Service kostenlos an. Richte dir einen Google-My-Business-Account ein.

Profi-Tipp: Mache dein Angebot für Kunden attraktiv, indem du zu Beginn kostenlose Hausbesuche anbietest.

Erste Schritte:

1. YouTube-Tutorials studieren
2. Schleifgerät leihen oder kaufen
3. an eigenen Messern üben

Dogwalking: Komme auf den Hund und verdiene gutes Geld!

»Hunde sind unsere Verbindung zum Paradies. Sie kennen weder Sünde noch Eifersucht oder Unzufriedenheit.«

Milan Kundera[18]

Startvoraussetzungen: Ein Zertifikat der Fachakademie für Hundetrainer ist hilfreich.
Persönlichkeit: tierfreundlich, bewegungsfreudig, kommunikativ
Skills: Zuverlässigkeit, Mobilität, Gruppendynamik managen
Vorteile: Fitness, Gelassenheit, Flirts

Die Welt der Dienstleistungen rund um den Hund explodiert. Es gibt Hundetagesstätten, Hundefriseure und sogar Psychologen für die Vierbeiner.

Du bist ein erfahrener und engagierter Hundebesitzer und magst Bewegung an der frischen Luft? Dann könnte dieser Side Hustle für dich interessant sein.

Dog Walking kennen viele wahrscheinlich aus US-amerikanischen TV-Serien, denn in amerikanischen Großstädten gibt es das bezahlte Gassigehen schon lange. Hundebesitzer, die nicht genügend Zeit haben, um ihre Vierbeiner angemessen zu bewegen, bezahlen einen Dogwalker, um mit dem Hund spazieren zu gehen.

Mittlerweile ist der Trend auch bei uns angekommen und Hundeausführer sind vor allem in den deutschen Metropolen gefragt. Berufstätige oder sich auf Geschäftsreise befindende Hundebesitzer freuen sich, wenn du mit ihrem Hund Gassi gehst.

Klingt nach leicht nebenbei verdientem Geld? Vielleicht, aber bedenke: Wer Dogwalker werden möchte, braucht nicht nur eine Leine und gute Schuhe, sondern viel Know-how und Erfahrung im Führen von Hundegruppen.

Jetzt fragt ihr euch vielleicht: Brauche ich dafür eine Ausbildung oder eine Art »Waffenschein«? Wer einfach mal mit dem Nachbarshund Gassi gehen möchte, der muss dafür natürlich keinen Lehrgang besuchen. Doch wer seine Dienste als professioneller Dogwalker anbieten will, sollte über eine Weiterbildung nachdenken. Eine Google-Suche unter dem Stichwort »Fachakademie für Hundetrainer« hilft weiter!

Als Dogwalker führt man ja leider nicht nur den braven Labrador von nebenan aus, sondern meist eine Gruppe von Hunden unterschiedlicher Rassen. Das kann zum Flohzirkus werden! Wer sich dieser Aufgabe fachlich gewachsen fühlt, der kann sich an die nächsten Schritte machen. Wie immer: Gutes Marketing ist das A und O.

Ein Side Hustle zu diesem Side Hustle könnte übrigens das internationale Housesitting sein. Denn Menschen, die sich gut mit Haustieren auskennen, sind bei Immobilienbesitzern mit Tier sehr gefragt. Wenn dich dieses Thema interessiert, lohnt sich eine Online-Recherche. Es gibt gerade im US-amerikanischen Raum hierzu viele Blogs und auch wir haben schon Housesitter interviewt.

Erste Schritte:

1. eventuell ein Zertifikat besorgen
2. Google-My-Business-Account einrichten
3. Flyer in der eigenen Nachbarschaft oder auf Hundewiesen verteilen

Bikewash: Carwash für die Generation Klimaschutz

»Drahtesel brauchen immer einen Tritt.«

Almut Adler[19]

Startvoraussetzungen: Putzzeug und eventuell Werkzeug
Persönlichkeit: Schrauber mit Sauberkeitsfimmel
Skills: Sorgfalt und Gründlichkeit
Vorteile: aktiver Beitrag zum Umweltschutz

Hand aufs Herz: Wann hast du zuletzt dein Fahrrad geputzt? Wann zuletzt die Kette gereinigt und neu eingefettet? Wie sieht es mit den Bremsen aus, sind die gut eingestellt?

Wenn es dir wie uns geht, dann ist das alles schon viel zu lange her. Es sind einfach Dinge, für die man im Alltag kaum Zeit findet. Dabei ist es sogar ganz entspannend, wenn wir uns einmal dazu überwinden konnten.

Dieses Nebeneinkommen ist übrigens perfekt für Schülerinnen und Studenten. Christians erster Schülerjob war tatsächlich die damals typische Autowäsche an einem Samstagmorgen. In den 1980er-Jahren hat man das eigene Auto voller Stolz vor der Garage von Hand gewaschen oder waschen lassen! Für den marktüblichen Satz von 5 D-Mark hat der kleine Christian geschrubbt und währenddessen davon geträumt, irgendwann ein eigenes Auto zu besitzen.

Eine Fahrradwäsche ist übrigens nicht nur gut für die Optik. Die Lebensdauer und Sicherheit eines Drahtesels erhöht sich nachweislich mit regelmäßiger Wäsche und Pflege. De facto entsteht für deine Kunden also auf lange Sicht auch ein finanzieller Vorteil, was natürlich ein gutes Verkaufsargument ist.

Zu klären ist noch, wo du die Fahrräder, E-Bikes und/oder Motorroller reinigst. Denkbar wäre es zum Beispiel auch, Hausbesuche zu machen. Du könntest in Vororten deine Flyer verteilen und anbieten, gleich die ganze Fahrradflotte einer Familie zu waschen. Mit diesem Hebel würde sich dein Einkommen erhöhen.

Auch Fahrradmärkte böten sich als Marktplatz für den Bikewasher an. Hier bewegt sich deine Zielgruppe, und auch die Aussteller könnten ein Interesse daran haben, ihre Ware möglichst »frisch« zu präsentieren.

Denkbar wären auch Deals, bei denen du regelmäßige Fahrradpflege anbietest – ein Rad-Reinigungsabo. Du könntest deine Dienstleistung ausweiten und zum Beispiel Kettenpflege, Reifenwechsel und das Einstellen der Bremsen mit anbieten. Viele Fahrradhändler bieten diese Inspektionen mit dem Neukauf eines Fahrrads für ein paar Jahre an. Denn wie beim Auto kann regelmäßige Wartung viel Geld einsparen.

Gegenüber den Fahrradgeschäften hättest du dabei natürlich den Vorteil, keine Ladenmiete zahlen zu müssen. So kannst du anders kalkulieren und günstigere Preise anbieten.

Erste Schritte:

1. Grundausstattung an Werkzeugen zulegen
2. deine Dienste auf einem Fahrradmarkt anbieten
3. Flyer erstellen

IkeAlphas: Schwedische Gardinen für Fortgeschrittene

»Du kannst so viel in zehn Minuten erreichen.«

Ingvar Kamprad[20]

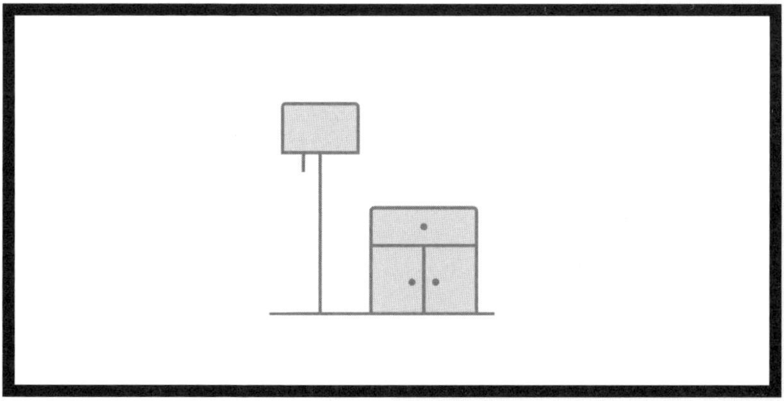

Startvoraussetzungen: Akkuschrauber und Werkzeug
Persönlichkeit: Lego-Fan mit Helfersyndrom
Skills: Routine im Aufbau von IKEA-Möbeln
Vorteile: gut vereinbar mit Studium oder Familie, Teamwork macht Spaß

Ruben hat aus der Presse erfahren, dass das schwedische Möbelhaus ein Unternehmen namens TaskRabbit aufgekauft hat.[21] Wir deuten das als Signal, dass unsere Geschäftsidee Potenzial hat.

Das Geschäftskonzept in einem Satz: IkeAlphas sind ein flotter Trupp, die Billy und Co. im Schlaf aufbauen können. Ikea-Kunden können diesen Service buchen, wenn sie keine Zeit oder keinen Nerv haben, den Kleiderschrank selber aufzubauen.

Diese Geschäftsidee ist handwerklich, kennt aber eigentlich keine Altersbeschränkung, da die Arbeit körperlich nicht sehr fordernd ist. Ein Side Hustle für den 20-jährigen Studenten, den 50-jährigen Familienvater oder den rüstigen Rentner. Denn es gibt auch viele Senioren, die keine Lust haben, zum alten Eisen zu gehören. Dies ist also nicht nur ein Nebenerwerb für junge Menschen, sondern auch für die, die im besten Saft stehen.

Wer kennt das Dilemma nicht? Der neue Kleiderschrank bei Ikea ist schnell eingekauft und den Zeitaufwand für den Aufbau spielt man herunter, bis man dann an einem Samstagvormittag mit der Kaffeetasse in der Hand die Kartons aufreißt und eine 20 Seiten lange Aufbauanleitung in den Händen hält. Plötzlich hat man eine ganze Liste von anderen Projekten, die viel, viel dringender sind! Oder man stellt fest, dass man für den Aufbau doch noch Mitstreiter braucht.

Die IkeAlphas sind ein flotter Trupp von Bastlern und handwerklich begeisterten Menschen, die dir das vermaledeite Ding gegen einen Festpreis aufbauen.

Jetzt könnte man einwenden: Aber das schwedische Einrichtungshaus bietet doch diesen Service teilweise auch an. Das stimmt. Christian hat diesen Service auch schon einmal in Anspruch genommen und lacht noch heute über diese Erfahrung. Die Lieferanten, sehr nette Leute, kamen gegen 21 Uhr abends an. Total ausgelaugt von einem langen Arbeitstag.

Aber das sind ja Profis, die machen das im Schlaf, dachte er. Weit gefehlt. Die erste Amtshandlung war, die mitgelieferte Ikea-Aufbauanleitung zur Hand zu nehmen. Dann haben die vier Männer die Köpfe zusammengesteckt, und es wirkte so, als würde eine Gruppe von Kunsthistorikern elektrische Schaltpläne analysieren. Ganz anders wäre es natürlich bei den IkeAlphas! Die sind so gut drauf, die brauchen keine Bedienungsanleitung. Die können sowas wirklich im Schlaf und versprühen dabei auch noch gute Laune.

Randbemerkung: Es könnte sein, dass dem skandinavischen Megakonzern dieser Side Hustle nicht gefällt. Es könnte aber auch das Gegenteil der Fall sein. Auf jeden Fall sollte man sich in puncto Branding und Namensrechte juristisch beraten lassen.

Wie baut man die nötigen Skills für dieses Sidebusiness auf? Wer in seinem Leben schon viele Ikea-Möbel aufgebaut hat, entwickelt natürlich mit der Zeit Routine und wird auch ohne Aufbauanleitung zurechtkommen. Anfänger könnten die Anleitungen als PDF runterladen und vielleicht zum Üben Freunden und Bekannten kostenlos ihre Dienste anbieten. Deine Beliebtheit im Bekanntenkreis dürfte dadurch explodieren!

Hier ist noch ein möglicher Side Hustle zu diesem Side Hustle: Du bist vor Ort und baust ein großes Bett auf. Das setzt ja voraus, dass vorher Platz geschaffen wurde. Vielleicht steht da also ein IKEA-Möbel, welches abgebaut und entsorgt werden muss. Das könnte ein weiteres Geschäftsfeld für den findigen Sidepreneur sein.

Erste Schritte:

1. Freunden beim Aufbau von IKEA-Möbeln helfen
2. Werkzeuge professionalisieren
3. Flyer vor deinem IKEA-Markt verteilen

Möbelhändler: Fix & Flip von Einrichtungsgegenständen

»Der Kleiderschrank ist ein Möbelstück, in dem Frauen, die nichts anzuziehen haben, ihre Kleider aufbewahren.«

Liv Ullmann[22]

Startvoraussetzungen: minimale handwerkliche Begabung und Lernbereitschaft
Persönlichkeit: Bastler und Kaufmann
Skills: malen und schleifen
Vorteile: mit seiner Arbeit bleibende Werte schaffen

Wenn dich die IkeAlphas-Idee angesprochen hat, könnte dir auch dieses Sidebusiness gefallen. Es richtet sich an eine ähnliche Zielgruppe, ermöglicht aber eine noch freiere Zeiteinteilung. Strukturell ist es auch *unternehmerischer, da du nicht Zeit gegen Geld eintauschst, sondern deine Preise am Markt optimieren kannst, während du dir deine Arbeitszeit mehr oder weniger frei einteilst. Das Verkaufen von restaurierten Möbeln ist ein Nebenerwerb, der den hübschen Nebeneffekt hat, dass du dich kreativ ausleben kannst.

Unabhängig davon, ob du Möbel als Hobby verkaufst oder versuchst, daraus ein Vollzeiteinkommen zu machen, du solltest diesen Schritten folgen:

- Beschaffung eines zu verkaufenden Möbelstücks
- abholen des Gegenstands
- Aufarbeitung oder Aufhübschen
- fotografieren des Artikels
- erstellen der Verkaufsanzeige
- Verkaufsverhandlungen

Die Möbel mit dem besten Wiederherstellungswert sind Massivholzmöbel. Kommoden sind wahrscheinlich der leichteste Einstieg, denn sie sind rechteckig und leicht zu transportieren. Schaue dich bei eBay und Co. um, was der Markt in deiner Nähe so bietet.

Was den Preis anbelangt, so solltest du nach Artikeln suchen, die weniger als 75 Euro kosten. Dein Ziel sollte es sein, nicht mehr als 50 Euro pro Stück zu bezahlen. Dabei kannst du deinen Suchfilter auf 75 Euro stellen und die Verkäufer auf deinen Zielpreis von 50 herunterhandeln. Alternativ kann der geneigte Side Hustler seine Einkaufspreise natürlich auch dadurch senken, indem er den Sperrmüll mit anderen Augen sieht. Die Gewinnspanne steigt dadurch enorm und das unternehmerische Risiko ist praktisch gleich null.

Es gibt Möbelstücke, die man vermeiden sollte. Ganz oben auf dieser Liste stehen Möbel aus Kunstholz oder Spanplatten. Wenn du schon einmal versucht hast, ein aufgebautes IKEA-Möbel umzuziehen, dann weißt du, dass es sich nicht gut transportieren lässt. Abgesehen von den Problemen mit der Haltbarkeit, eignet sich der Stil auch nicht wirklich zum Reparieren oder Upcyclen.

Auch Antiquitäten sollten wir im Moment besser vermeiden. Sie sind nicht für den Massenmarkt geeignet und ihre Vorbesitzer wollen vielleicht mehr dafür, als sie realistisch gesehen wert sind.

Last but not least solltest du dich von verschnörkelten Stücken fernhalten. Vor allem am Anfang möchte man schnell ein paar lukrative Geschäfte machen. Stunden mit den filigranen Details eines einzelnen Objekts zu verbringen, ist dann kontraproduktiv.

Für die Hobby-Handwerker unter euch wird dieser Side Hustle eine leichte Übung sein, für alle anderen empfehlen wir die größte Universität der Welt: YouTube.

Profitipp: Ein einfacher Weg, den Wert der verkauften Stücke zu steigern, ist es, die Beschläge und Griffe zu erneuern. Dieser schnelle Austausch kann das Aussehen merklich verändern und den Verkaufswert quasi im Handumdrehen steigern.

Erste Schritte:

1. sich auf eBay und Co. umschauen
2. mit einem Möbelstück vom Sperrmüll üben
3. sich auf YouTube schlaumachen

Klavierstimmer: Mensch mit vielen Stimmungen

»Das Beschwerliche am Klavier ist, dass sich jede gute Note zwischen zwei schlechten befindet.«

Arthur Schnabel

Startvoraussetzungen: Musiker oder Musikliebhaber
Persönlichkeit: introvertiert, handwerklich begabt
Skills: nicht durch Discobesuche oder MP3-Player ruiniertes Gehör
Vorteile: relativ freie Zeiteinteilung

Diese Idee ist während des ersten Lockdowns entstanden, als wir uns überlegt haben, wie Musiker mit Auftrittsverbot ihre finanziellen Verluste ausgleichen könnten.

Seit Beginn des Jahres 2020 verbringen wir alle mehr Zeit zu Hause, als uns lieb ist. So mancher hat sein altes Klavier reaktiviert oder sich ein Gebrauchtes zugelegt. Irgendwann ist das Klavier verstimmt und braucht eine Meisterhand. Früher hätte man in den Gelben Seiten geschaut, heute googelt man »Klavierstimmer in meiner Nähe«.

Was wäre, wenn wir dir sagen würden: Auch du kannst diese Fertigkeit dank moderner Technologie erlernen? Die Krönung: Du musst noch nicht einmal Klavier spielen können, um ein Klavier stimmen zu können! Es erhöht aber natürlich deinen Marktwert, wenn du von Hause aus Musiker, Komponist oder Tontechniker bist.

Im Google Play Store gibt es mehrere Klavierstimm-Apps, die Preise beginnen bei 300 Euro. Wie du diese Apps bedienst, lernst du in Online-Kursen.

Daneben brauchst du noch Spezialwerkzeug aus dem Klavierbau. Speziell zum Nachstimmen gibt es zum Beispiel für rund 50 Euro kleine Tuning-Sets zu kaufen, bestehend aus Stimmhammer und Stimmkeil.

Es gibt nicht wenige Haushalte von Nicht-Klavierspielern, die das Piano zu rein dekorativen Zwecken in der Wohnung stehen haben. Manche kommen dann irgendwann auf die Idee, mit dem Klavierspielen anzufangen.

Eine Klavierstimmung kostet zwischen 100 und 180 Euro und dauert etwa anderthalb Stunden. Je nach Zustand des Klaviers kann es auch aufwendiger sein. Ein Klavier sollte mindestens einmal im Jahr gestimmt werden, im Idealfall alle sechs Monate.

Wie gesagt, du musst kein Musiker sein, um diesen Side Hustle zu betreiben. Für Musiker und Tontechniker ist dieses Nebeneinkommen aber natürlich wie gemacht!

Erste Schritte

1. entsprechende Online-Kurse ansehen
2. sich alle Werkzeuge besorgen
3. bei Freunden und Bekannten mit dem Klavierstimmen anfangen

Buchflipping: Werde zum literarischen Trüffelschwein!

»Ein Haus ohne Bücher ist arm, auch wenn schöne Teppiche seine Böden und kostbare Tapeten und Bilder die Wände bedecken.«

Hermann Hesse[23]

Startvoraussetzungen: Scanning-App, Verpackungsmaterial
Persönlichkeit: umtriebige Leseratte
Skills: Neugierde, Ausdauer
Vorteile: viel Bewegung an der frischen Luft

Bist du ein leidenschaftlicher Schnäppchenjäger? Stöberst du gerne auf Flohmärkten, und flanierst du gerne durch deine Stadt? Wenn du eine oder alle dieser Fragen mit Ja beantwortet hast, dann könnte dieses Nebeneinkommen wie gemacht für dich sein.

Viele von euch werden den Begriff House Flipping kennen, mittlerweile gibt es sogar schon TV-Formate dazu. Das Buchflipping beruht auf dem gleichen Erfolgsrezept: günstig einkaufen, teurer verkaufen. Das uralte Kaufmannsprinzip.

Es gibt reichlich Belege dafür, dass dieses Geschäftsmodell immer noch funktioniert. In Zeiten von wirtschaftlichem Druck und Lieferengpässen sogar noch besser. Warum also deine Reselling-Karriere nicht mit gebrauchten Büchern beginnen? Es gibt Side Hustler, die mit diesem Business im Monat vierstellig verdienen.

Und das Beste daran? Jeder, der Secondhand-Läden, Flohmärkte oder Haushaltsauflösungen in seiner Nähe hat, kann diesen Nebenerwerb im Handumdrehen starten. Mit geringem Startkapital und skalierbar nach Lust und Laune.

Wenn du also auf der Suche nach einem Side Hustle bist, mit dem du sofort und unkompliziert starten kannst, ist das Buchflipping ideal.

Wie fängt man am besten an?

Lade dir eine App aus dem App Store herunter, mit der du Barcodes von Büchern einscannen kannst. Aktuell kommen hierfür folgende Apps in Frage:

- Momox
- Rebuy

Die **Momox GmbH** wurde 2006 in Berlin gegründete und ist heute der größte Re-Commerce-Anbieter in Deutschland. Die angekauften gebrauchten Bücher, Filme und Musik-CDs werden über den Onlineshop Medimops wieder verkauft. Wer auf Amazon gebrauchte Bücher kauft, wird den Namen Medimops kennen. Der Name Momox ist ein Kunstwort, zusammengesetzt aus Buchstaben aus den Wörtern »Moderner Medien Online Express-Ankauf«.

Das Praktische ist, dass du per Barcode-Scans mit deinem Smartphone oder auch per manueller Eingabe der ISBN sofort einen Preis angeboten bekommst. Die Bandbreite liegt hier zwischen 15 Cent und 10 Euro, manchmal sogar noch höher.

Im nächsten Schritt musst du nur noch ein Paket packen und es zur Post bringen. Du kannst es sogar von einem Paketdienst abholen lassen. Alle großen Ankäufer übernehmen nämlich ab einem bestimmten Warenwert die Versandkosten, bei Momox liegt diese Schwelle zum Beispiel bei 10 Euro.

Profitipp: Spare Zeit und Ressourcen, indem du einen QR-Code anstatt eines Papierausdrucks von Lieferschein und Versandetikett nutzt!

Bücher, die aktuell auf den Bestsellerlisten stehen, verkaufen sich auch gebraucht gut. Sachbücher und Fachliteratur erzielen in der Regel höhere Preise als Romane oder Kinderbücher. Stelle sicher, dass der Zustand der Bücher mindestens akzeptabel ist. Sie müssen nicht neuwertig sein, aber beschriebene oder stark abgenutzte Bücher werden von den Händlern in der Regel nicht angenommen.

Wenn du unter die Buchflipper gehen möchtest, dann mache es dir doch einfach zur Gewohnheit, folgende Orte regelmäßig aufzusuchen:

- Bibliotheken
- Flohmärkte
- Facebook-Marktplatz
- lokale Kleinanzeigen
- Oxfam-Läden

Bücher sind so gut für das Reselling geeignet, weil sie zum Glück immer noch sehr beliebt sind und es dank der Apps so einfach ist, den Marktpreis zu ermitteln.

Welche Kategorien von Büchern erzielen in der Regel die höchsten Verkaufspreise? Hier ist unsere Hitliste:

- Lehrbücher, Fachliteratur
- Business-Bücher
- Kunst und Handwerk
- Musiknoten

Dieser Side Hustle ist am Ende des Tages ein Spiel mit Masse und Geschwindigkeit. Man sollte so viele Bücher wie möglich scannen, um diejenigen zu entdecken, bei denen sich der Flip lohnt. Darum nennen wir den Buchflipper auch ein literarisches Trüffelschwein!

Übrigens kann der interessierte Feierabendboss dieses Geschäftsmodell auch ausweiten, denn der Verkauf von CDs und DVDs funktioniert nach dem gleichen Prinzip.

Also, viel Spaß beim Schmökern, Stöbern und Side Hustlen!

Erste Schritte:

1. den eigenen Buchbestand mit einer App deiner Wahl scannen
2. Verpackungsmaterial besorgen
3. versenden und verdienen

ENDLICH UNTER LEUTE KOMMEN

In dieser Rubrik findest du Geschäftsideen, die besonders für Leute interessant sein könnten, die gerne mit anderen Menschen arbeiten. Vielleicht auch als Ausgleich für den einsamen Solo-Selbstständigen oder Gerichtsmediziner, der immer nur alleine im Keller arbeitet.

Die Behördenflüsterer: Verwaltungsakte versüßen

»Der Verwaltungsakt ist die Erotik der Bürokratie.«

Urheber unbekannt

Startvoraussetzungen: juristische Grundkenntnisse
Persönlichkeit: geduldiger, geselliger Mensch
Skills: Selbstorganisation, Behördendeutsch verstehen
Vorteile: Du verhilfst Menschen zu ihrem Recht.

In Indien gibt es einen sogenannten Platzhalterservice: Leute, die stundenweise dafür bezahlt werden, in den langen Warteschlangen vor Behörden oder Banken zu stehen.[24] Dieses Geschäftsmodell funktioniert bei uns wahrscheinlich noch nicht, aber »warten« wir mal ab!

Was es in Deutschland allerdings bereits gibt, ist der Konsularservice. Dieses Modell lässt sich bestimmt ausweiten auf andere Bereiche, in denen Menschen mit Behörden umgehen müssen: Ummeldung des Wohnsitzes oder Abholung eines neuen Autokennzeichens zum Beispiel.

Die deutsche Bürokratie kann einem den Schlaf rauben. Die meisten kennen diese Situation: Man ist beim Amt und kann live miterleben, wie Menschen am Amtsschimmel schier verzweifeln. Entweder, weil sie die Sprache als Studenten im Auslandssemester nicht gut sprechen oder einfach mit der Juristerei überfordert sind. Ein Begleitservice zu Ämtern ist also gerade in Städten mit Universitäten und Fachhochschulen ein interessantes Geschäftsmodell.

Auch für Unternehmen und Geschäftsleute könnte so ein Service sehr brauchbar sein. In unserer globalisierten Welt sind internationale Geschäfte an der Tagesordnung und nicht selten werden hierfür behördliche Dokumente aller Art benötigt.

Das Geschäftsmodell könnte ebenfalls auf Apple Stores übertragen werden, wenn ein neues iPhone auf den Markt kommt. Auch vor Sneaker-Läden sieht man häufiger lange Warteschlangen.

Deine ersten Kunden findest du über Anzeigen in Tageszeitungen, Aushänge oder Flugblätter. Vielleicht möchtest du deine Kunden direkt da ansprechen, wo sie sich aufhalten: vor einer Behörde, bei karitativen Einrichtungen oder dem angesagten Sneaker-Laden.

Der findige Side Hustler wird versuchen, zu skalieren: Bündele deine Behördengänge und erledige immer mehrere Jobs gleichzeitig.

Erste Schritte:

1. herausfinden, welche Behördengänge besonders schwierig sind
2. den Service im Bekanntenkreis anbieten
3. einen Account bei Google-My-Business einrichten

Kellnern: das vielleicht älteste Side Hustle der Welt

Sitzen zwei in der Kneipe und trinken Wein.
Gast: »Servieren Sie auch Flaschen?«
Kellner: »Wir bedienen hier grundsätzlich jeden.«

Startvoraussetzungen: je nach gastronomischem Bereich unterschiedlich
Persönlichkeit: aufgeweckter, geselliger Mensch mit Gastgeberqualitäten
Skills: zapfen, Kaffeemaschine bedienen, servieren, putzen et cetera
Vorteile: Deine Menschenkenntnis wird jeden Tag besser.

Die Vorteile des Kellnerns liegen – Achtung Wortspiel – auf der Hand: schnelles Geld (Trinkgeld gibt es in fairen Lokalen noch am gleichen Tag) und internationale Möglichkeiten, um zu arbeiten. Gute Kellner werden händeringend gesucht, wie dir die meisten Gastronomen sofort bestätigen werden. Seit den Lockdowns noch mehr denn je!

Es gibt aber auch ein Vorurteil, das wir ansprechen möchten. Es lautet: Kellnern kann jeder! Die Wahrheit ist: Lange nicht jeder kann kellnern, aber jeder mit der richtigen Grundeinstellung kann es lernen. Neben einer (gast-)freundlichen, offenen und bescheidenen Einstellung braucht man handfeste Fähigkeiten. Kaffeespezialitäten zubereiten, Bier zapfen, Drinks mixen sind erlernbare Fertigkeiten.

Über die Höhe des Trinkgelds entscheiden allerdings meist die Soft Skills: Ausstrahlung, Charme, Freundlichkeit und kommunikatives Geschick. Wer sich gut Namen merken kann und sich an die Trinkgewohnheiten der Gäste erinnert, bekommt in der Regel auch ein besseres Trinkgeld.

Als wir die Vollblut-Gastronomin Lola Bogumil zu diesem Side Hustle interviewt haben, wollten wir wissen, wie viel Trinkgeld denn so drin ist. »Was sich viele so nicht bewusst machen, ist die Tatsache, dass Trinkgeld steuerfrei ist. Ich verdiene es also brutto wie netto. Eine begabte, flotte Kellnerin in einer belebten Kneipe geht nach jeder Schicht mit 50 plus Euro Trinkgeld nach Hause.«

Profitipp: Sei ehrlich zu dir selbst und deinem zukünftigen Auftraggeber. Hochstapeln bringt nichts, da es schon bei der ersten Schicht auffliegt.

Wenn du ein Neuling bist, fange lieber klein an, zum Beispiel in einem Café oder bei einem Caterer. Erarbeite dir eine Fertigkeit nach der anderen und baue so Selbstvertrauen auf. Mit etwas Routine und Disziplin bist du bald besser als der Durchschnitt und dir stehen viele Möglichkeiten in der ganzen Welt offen. Wenn du magst, reist du dann als analoger Nomade kellnernd um den Globus.

Lola hat während eines Saisonjobs auf Mykonos reisende Studenten mit Service- und Thekenerfahrung für ihren damaligen Arbeitgeber beschäftigt. Es heuerten nahezu täglich Leute im Club und an der Beach Bar an, die sich für die Zeit ihres Aufenthaltes auf der Insel so ein Reisetaschengeld dazuverdient haben.

Erste Schritte:

1. Gastro-Skills auf privaten Veranstaltungen üben
2. erste Erfahrungen in Cafés, Kinos oder beim Catering sammeln
3. Skill-Set immer mehr erweitern

Kinderbetreuung: Nebeneinkommen für Spielkinder!

»Ein Film ist dann gut, wenn das Geld für Eintritt, Essen gehen und Babysitter es wert war.«

Alfred Hitchcock[25]

Startvoraussetzungen: Kinderliebe
Persönlichkeit: emotional intelligent und empathisch
Skills: Zuverlässigkeit, Geduld, Kinderpflege
Vorteile: ist wie ein Praktikum, wenn du noch überlegst, selber Kinder zu haben

Babysitting, Zeitung austragen und Autos waschen waren schon in unserer Jugend beliebte Nebenjobs. Wahrscheinlich ist das Kinderhüten neben dem Kellnern einer der ältesten Side Hustles der Welt.

In der digitalen Ära ist dein Radius allerdings viel größer. So gehören nun nicht mehr nur die Nachbarskinder zum möglichen Kundenkreis – obwohl sich dieser Markt natürlich anbietet und er in der Regel auch groß genug ist.

Die entscheidende Frage ist aber eigentlich: Hast du wirklich das Zeug zum Babysitter? Zunächst einmal sollte es dir nämlich Spaß machen, mit Kleinkindern Zeit zu verbringen. Wenn du jüngere Geschwister hast, bist du klar im Vorteil. Aber auch wenn du schon mal auf die Zwerge von Tante, Onkel oder Freunden deiner Eltern aufgepasst hast, hast du eine bessere Startposition.

Was jeder Babysitter draufhaben sollte:

1. Wie wechsele ich eine Windel?
2. Was können und dürfen Kleinkinder essen?
3. Wie leiste ich im Notfall Erste Hilfe?

Wer nicht die Möglichkeit hatte, im privaten Umfeld den Umgang mit Babys zu erlernen, kann sich mithilfe einer Babysitter-Ausbildung fit machen. Das Deutsche Rote Kreuz und Volkshochschulen bieten solche Seminare an. Die Kosten dafür sind mit 20 bis 40 Euro sehr niedrig.

Erste Schritte:

1. Babysitter-Ausbildung absolvieren
2. sich im Bekanntenkreis anbieten
3. ein Profil auf Plattformen wie betreut.de erstellen

Mystery Shopping:
Fürs Einkaufen bezahlt werden!

»Ich shoppe, also bin ich.«

Tammy Faye Bakker[26]

Startvoraussetzungen: shoppen, shoppen, shoppen
Persönlichkeit: interessiert mit hoher Lernbereitschaft
Skills: Selbstdisziplin, Integrität, Rollenspiel
Vorteile: einkaufen jenseits des eigenen Budgets

Kostenlos einkaufen.

Kostenlos reisen.

Kostenlos Essen gehen.

Das ist die mysteriöse Welt der Mystery Shopper.

Wenn du ohnehin eine Shopping Queen bist, warum dann nicht auch als Mystery Shopper einkaufen gehen?

Sollte die Welt des Mystery Shopping für dich noch ein Mysterium sein, dann können wir heute hoffentlich den Vorhang lüften. Im Grunde handelt es sich bei einem Mystery Shopper um einen anonymen Käufer, der den Kundenservice eines Geschäfts oder Unternehmens testet.

Mystery Shopper testen zum Beispiel Kinos, Modeläden, Hotels oder Restaurantketten. Indem der »heimliche Käufer« auf jedes Detail achtet, leistet er einen wertvollen Dienst für die untersuchten Unternehmen – er hilft ihnen, ihren Kundenservice und das Einkaufserlebnis des Kunden zu verbessern.

Das detaillierte Feedback, das sie von Testkäufern erhalten, zeigt ihnen Schwachstellen in ihrem System. Auf der Grundlage dieser Erkenntnisse können dann Mitarbeiter geschult und Verkaufsgespräche optimiert werden.

In der Regel hat man eine bestimmte Zeit zur Verfügung, um die Testkäufe durchzuführen. Im Anschluss muss man einen Fragebogen, der die gemachten Erfahrungen mit der Dienstleistung oder dem Produkt abfragt, ausfüllen.

Viele Testkaufagenturen erleichtern diesen Prozess mit mobilen Apps. Man muss auch seine Quittungen aufbewahren, um zu beweisen, dass man seine Arbeit geleistet hat und um später die Kostenerstattung zu beantragen.

Profitipp: Führe Testkäufe für Produkte und Dienstleistungen durch, die du ohnehin benötigst. Das ist vielleicht nicht immer möglich, aber wenn du einen Testkauf für etwas durchführen kannst, für das du sowieso Geld ausgibst, schlägst du zwei Fliegen mit einer Klappe.

Wenn du einen Abend mit deinem Partner verbringen möchtest, aber als Frugalist dein Budget schonen möchtest, ist ein Restauranttest perfekt. Die Agentur sagt dir vorher, wie viel du für das Dinner ausgeben darfst. Am nächsten Tag reichst du die bezahlte Rechnung bei der Testkaufagentur ein.

Vielleicht ist dieser Side Hustle auch eine gute Möglichkeit, sich seinen Freunden gegenüber großzügig zu zeigen: »Hey Leute, heute übernehme ich die Rechnung!«

Mystery Shopping ist eine unterhaltsame Möglichkeit, etwas Geld hinzuzuverdienen und nebenbei sogar die laufenden Kosten zu senken. Win-win.

Wer mehr zu diesem Thema recherchieren möchte, kann sich die Checker Academy von Robin Liebwerth anschauen.[27] Wir haben diesen Side Hustle über ein Interview mit dem Opernsänger und Mystery Shopper kennengelernt.

Erste Schritte:

1. zuverlässige Testkaufagenturen suchen
2. sich bei einer oder mehreren bewerben
3. shoppen gehen

ENDLICH MIT GUTEM GEWISSEN AUFS SOFA

Bist du ein Couch-Potato und Stubenhocker? Mit diesen Nebeneinkommen kannst du mit gutem Gewissen weiter auf dem Sofa surfen! Wer Arbeit und Familie unter einen Hut bringen muss, für den sind die Ideen in diesem Kapitel auch interessant. Und außerdem: Seit Corona ist das Homeoffice doch ohnehin der Normalfall.

VA: Virtuelle Assistenz, reale Existenz

»Virtuelle Assistenz ist der perfekte Job für alle Globetrotter, Housesitter und Couchsurfer!«

Startvoraussetzungen: Laptop
Persönlichkeit: gut organisiert und pflichtbewusst
Skills: Kenntnisse der MS-Office-Anwendungen und im Social-Media-Marketing, sicherer Umgang mit Grafikprogrammen
Vorteile: ideal für den nomadischen Lifestyle

Bevor wir eine echte Virtuelle Assistentin interviewt haben, haben wir VAs immer für digitale Sekretäre gehalten. Weit gefehlt!

Dieses Nebeneinkommen ist perfekt für Menschen, die über Zeit und Ort ihres Arbeitens selber verfügen möchten. Digitale Nomaden oder auch Menschen, die mehr Zeit mit ihren Kindern verbringen möchten.

Wer ohnehin schon kaufmännisch oder verwaltend arbeitet, wird schnell merken, wie leicht der Einstieg in diesen Side Hustle ist. Gefragte Kenntnisse bei VAs sind auf jeden Fall die typischen MS-Office-Anwendungen wie Excel, Word und PowerPoint. Auch

Fertigkeiten im Umgang mit Grafikprogrammen und Fotografie sind vorteilhaft.

Eva Lorscheider, die ihre Karriere als Immobilienkauffrau an den Nagel gehängt hat, um als Virtuelle Assistentin zu arbeiten, sieht Social Media als eines der Trendthemen im VA-Kosmos. Die Mehrheit der Jobs, die sie annimmt, drehen sich um Content-Aufbereitung für diverse Social-Media-Kanäle.[28]

Obwohl der Aufbau einer eigenen Webpräsenz zu empfehlen ist, kann der Einstieg in dieses Nebeneinkommen auch anders funktionieren. In dem Interview mit Fidan Güntürkün haben wir gelernt, dass es sehr aktive VA-Facebook-Gruppen gibt, die hervorragend als Jobbörse funktionieren.

Nicht zu empfehlen sind Plattformen wie Fiverr und Upwork, weil sie für Preis-Dumping stehen. Es gibt allerdings Leute, die über diese Plattformen nützliche Erstkontakte generieren.

Das Leben eines VA lässt sich übrigens perfekt mit dem Leben eines Housesitters, Globetrotters oder Couchsurfers vereinbaren.

Erste Schritte:

1. Podcasts und Blogs zum Thema absorbieren
2. selbstkritische Inventur der eigenen Skills machen
3. Social-Media-Profile anpassen

WordPress-Installateur: Internethandwerk hat goldenen Boden

»Das Internet ist nur ein Hype!«

Bill Gates[29]

Startvoraussetzungen: Laptop
Persönlichkeit: technisch orientiert und kundenorientiert
Skills: WordPress-Expertise
Vorteile: kann auch vom Strandcafé aus erledigt werden

WordPress hat sich von einer einfachen Blogger-Software zum wichtigsten Content-Management-System überhaupt entwickelt.

Selbst die *New York Times* und Xing laufen heute auf WordPress. Der Marktanteil von WordPress liegt weltweit bei etwa zwei Dritteln.[30] Es gibt keine andere Software, deren Designvorlagen von Hause aus so SEO-optimiert sind.

Obwohl die Anwendung einfach ist, gibt es Menschen, die sich nicht damit beschäftigen wollen oder Berührungsängste haben. Der findige Feierabendboss wittert eine Gelegenheit!

Manche User scheitern aber auch daran, individuelle Anpassungen nicht selber hinzubekommen. Ein Button soll anders aussehen oder bestimmte Elemente des Themes sollen verschwinden. Es tauchen unerwartete Probleme mit Updates auf, und man wäre froh, einfach einen Experten befragen zu können – ohne sich stundenlang durch Internetforen kämpfen zu müssen.

Zielgruppe für den WordPress-Installateur sind eigentlich alle kleinen und mittelständischen Unternehmen, deren Websites auf WP laufen. Wer das ist, kannst du als WP-Experte natürlich mit zwei Klicks herausfinden.

Zu Beginn ist es bestimmt nützlich, diese große Zielgruppe kleiner zu machen. Wie könnte das gehen? Zum Beispiel, indem du dir eine Branche (Handwerker, Blumenhändler, Gastronomie et cetera) herauspickst. Du könntest es auch geografisch eingrenzen, indem du mit einem bestimmten Stadtviertel beginnst.

Eine andere Zielgruppe könnten Blogger und digitale Nomaden sein. Apropos digitale Nomaden: Haben wir schon gesagt, dass diese Geschäftsidee perfekt für den Laptop-Lifestyle geeignet ist?

Dieser Side Hustle kann dir auch regelmäßiges Einkommen generieren. Denn auch nach der Installation einer Website bleibt noch viel zu tun. Kunden möchten zum Beispiel SEO-Plug-ins installieren, Videos einbetten oder die Ladegeschwindigkeit der Seite erhöhen.

Erste Schritte:

1. attraktive WordPress-Seite erstellen
2. YouTube-Channel einrichten und Tutorials erstellen
3. erste Kundenrezensionen einholen, indem du Freunden hilfst

Social-Media-Manager: Die Couch ist dein Arbeitsplatz!

»Wenn du Social Media kannst, hast du das Zeug zum Feierabendboss!«

Startvoraussetzungen: Laptop und Smartphone mit guter Kamera
Persönlichkeit: kreativ und kommunikativ
Skills: Content King
Vorteile: familienfreundlich und reisetauglich

Während Konzerne Social-Media-Manager in Vollzeit einstellen, erkennen immer mehr Mittelständler und kleine Unternehmen, dass Social Media nicht nur Schnickschnack ist. Die Corona-Krise hat dies wohl dem letzten Anachronisten klar gemacht.

Für Feierabendbosse ist dieser Bereich also ein El Dorado! Wer als Social-Media-Manager arbeiten möchte, kann das im Grunde von überall machen: dem eigenen Sofa, dem Strand in Cancun oder auch dem Café um die Ecke.

Du solltest in der Lage sein, mit Apps, Bildbearbeitungssoftware und Hashtags umzugehen. Aber auch eine kreative Ader ist wichtig, denn Social Media lebt von guten Einfällen. Eine unkreative Aufbereitung von 08/15-Content geht nie viral!

Christian weiß aus seiner Arbeit als Werbetexter, dass Kontinuität im Social-Media-Marketing unersetzlich ist. Dabei sollte man sich nicht auf Inspiration und die eigene Tagesform verlassen, sondern strukturiert vorgehen. Ein Redaktionsplan, der mindestens drei Monate abdeckt, empfiehlt sich.

Eine zentrale Aufgabe des Social-Media-Managers ist es also, Content-Ideen zu generieren und Input aus den Kunden herauszukitzeln. Dieser Teil des Jobs erfordert viel Fingerspitzengefühl und Diplomatie.

Da Fotos, Videos und Grafiken eine Hauptzutat jeder Kampagne sind, muss der angehende Social-Media-Manager auch in diesen Bereichen fit sein.

Erste Schritte:

1. eigene Social-Media-Präsenz aufbrezeln
2. Facebook-Gruppen und Jobbörsen beitreten
3. Referenzen sammeln

ENDLICH DEINE TALENTE NUTZEN

Es gibt Talente, mit denen man leicht nebenher Geld verdienen kann. In dieser Rubrik stellen wir euch einige Ideen vor, die bereits erprobt und erfolgreich umgesetzt worden sind. Schaut gerne nochmal in die Kapitel über Leidenschaft und Spleenigkeit, wenn ihr euch fragt, welche Hobbys sich zum Side Hustlen noch eignen könnten.

People-Agenturen: Modeling für »normale« Menschen

»Ecken und Kanten sind heute kein Hindernis beim Modeln, sondern fast das neue Schönheitsideal.«

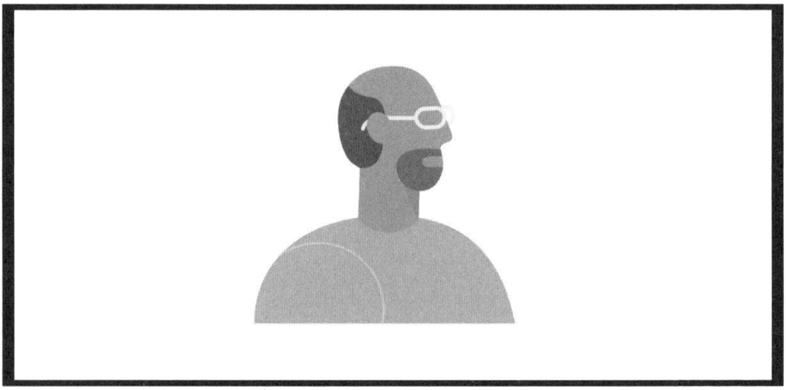

Startvoraussetzungen: aktuelle Fotos
Persönlichkeit: freundlich und fotogen
Skills: Zuverlässigkeit, Anpassungsfähigkeit, Mobilität
Vorteile: professionelle Fotos zum Nulltarif

Wusstest du, dass People-Agenturen ganz verrückt nach Senioren und »schrägen Typen« sind? Wusstest du, dass man in der Regel gar keine Setcard mehr braucht, um sich bei einer People-Agentur zu bewerben? Manche Agenten akzeptieren zu Anfang sogar einfache Handy-Schnappschüsse! Diese Insider-Informationen haben wir von dem erfolgreichen People-Model Nadja Felk, die wir für unseren Podcast interviewen durften.

People Modeling ist also für fotogene Menschen jeden Alters geeignet. Bist du fotogen? Die meisten würden das verneinen, weil wir oft sehr selbstkritisch sind. Aber lass doch andere entscheiden, ob du auf Fotos gut aussiehst! Auch die Körpergröße und die Körpermaße müssen keine bestimmte Norm erfüllen. Einerseits ändern sich Schönheitsideale ständig, und zum anderen bewegt sich die Werbeindustrie immer weiter weg vom Top-Model-Look.

Vielen Werbetreibenden ist es heute wichtig, dass sich der Konsument mit den Models identifizieren kann. Daher gilt auch beim People Modeling die Idee, dass es für jeden Topf einen Deckel gibt. Wer sich aktuelle Werbekampagnen ansieht, wird sehen, was wir meinen.

Die Bewerbung ist in den meisten Fällen relativ unkompliziert, aktuelle und aussagekräftige Fotos müsstest du allerdings schon haben. Bist du einmal in der Kartei aufgenommen, heißt es warten, bis der erste Anruf kommt.

Agenturen müssen Anfragen von Auftraggebern schnell beantworten und erwarten daher auch von ihren Models eine schnelle Antwort. Dieser Side Hustle ist also besonders gut für Leute, die flexibel sind.

Selbstständige und Freiberufler haben den Vorteil, ihre Zeit meistens frei einteilen zu können. Sie können also auch schneller zur Stelle sein, wenn der begehrte Anruf der Agentur kommt.

Einer der Nachteile dieses Sidebusiness sind die Castings, die in der Regel unbezahlt sind. Dies bedeutet, dass du als Model in Vorleistung gehen musst und auch lernen musst, mit Absagen umzugehen.

Nadja hat uns erzählt, wie sie mit Absagen umgeht: »Ich nehme es nicht persönlich, es geht nur um einen Look. Manchmal passt dein Aussehen einfach nicht zum Konzept der Werbeagentur. Dies sagt überhaupt nichts über dich als Mensch aus!«[31]

Wirst du gebucht, ist die Bezahlung gut bis sehr gut. Die Höhe deines Honorars ist abhängig davon, wofür, wie lange und in welchen Teilen der Welt die Fotos oder Videos genutzt werden. Die Honorarverhandlung führt deine Agentur und diese möchte natürlich auch einen Teil des Kuchens abhaben. Du musst mit 15 bis 25 Prozent Provision rechnen.

Mit einem Tagessatz von 1000 Euro beispielsweise bist du am oberen Ende der Verdienstskala. Hier müsstest du also rund ein Viertel der Agentur abgeben und den Rest natürlich noch versteuern.

Erste Schritte:

1. Fotografen oder fotografierenden Freund finden
2. Agenturen suchen und Bewerbungsanforderungen anschauen
3. »Bewerbungsmappe« erstellen

Sprecher: Wie du deine Kehle vergoldest!

»Eine angenehme Stimme ist sehr oft mit sonst übrigens guten Eigenschaften des Leibes und der Seele verbunden.«

Georg Christoph Lichtenberg[32]

Startvoraussetzungen: stimmliches Talent
Persönlichkeit: umgänglich und extrovertiert
Skills: gute Stimme, Kontaktfreude, »Vorlesequalitäten«
Vorteile: fördert den Erfolg in anderen Lebensbereichen

Werde zum Profi-Sprecher und verleihe deine Stimme an Werbespots, Hörbücher und Fernsehdokumentationen. Dabei handelt es sich um eine Branche, die vermutlich immer weiterwachsen wird. Es sei denn, die Künstliche Intelligenz entwickelt sich so weit, dass wir Computerstimmen nicht mehr von Menschenstimmen unterscheiden können.

Sprecher haben tatsächlich die Chance, mit ihrer Stimmleistung passives Einkommen zu generieren. Und wir sind bei dem Begriff »passives Einkommen« sehr kritisch, weil sich dahinter oft ein leeres Versprechen verbirgt.

Bei einem Sprecherjob ist es aber tatsächlich so, dass die Arbeit abgeschlossen ist, wenn eine Aufnahme einmal »im Kasten ist«.

Immer dann, wenn ein Werbespot oder eine Doku ausgestrahlt werden, werden Tantiemen fällig. So kann es sein, dass du dich auch Jahre später noch über eine hübsche Überweisung freuen kannst.

Ganz praktisch einsteigen ins Sprecher-Business kannst du auf der Plattform narando. Dort kannst du dich mit einer Sprachprobe bewerben, um in das Sprecher-Ensemble aufgenommen zu werden.

Sowohl für diese Sprechprobe als auch für ein mögliches Demoband ist natürlich die Audioqualität der Aufnahme wichtig. Unsere Empfehlung: Nutze die kostenlose Software Audacity. Der zweitbeste Aufnahmeort – nach einem Tonstudio – ist übrigens ein begehbarer Kleiderschrank.

Der erfolgreiche Sprecher Florian Mischa Böder, den wir zu diesem Thema interviewt haben, empfiehlt, Sprechen in erster Linie als Dienstleistung zu sehen. Pünktlichkeit, professionelles Auftreten und Freundlichkeit sind echte Pluspunkte, auch wenn sie mit dem eigentlichen Gewerk nichts zu tun haben.

Wie sieht es mit der Bezahlung aus? Die Website sprecherpreise.de gibt Auskunft. Die Gage ergibt sich bei einem professionellen Sprecher nicht aus der tatsächlichen Arbeitszeit, die er aufwenden muss, sondern aus der Art der Verwendung des »Sprechprodukts«. Die Nutzungs- und Verwertungsrechte sind relevant.

Bei den Fragen, die beantwortet werden müssen, um die Gage zu ermitteln, geht es unter anderem um das Format (TV, Radio, Film, Werbung et cetera), den geografischen Raum und die Länge der Nutzungsrechte.

Wie kommst du aber nun an den ersten Job? Hier bekommt man es mit dem altbekannten Dilemma zu tun: ohne Referenzen kein Job, ohne Job keine Referenzen. Aber zum Glück geht es auch ohne klassische Referenzen, denn sonst gäbe es ja keine Sprecher auf dieser Welt.

Das A und O ist natürlich die Sprachprobe. Dafür zu üben, kostet nichts. Florian empfiehlt, sich einfach ein paar aktuelle Werbespots herauszusuchen. Höre sie dir einige Male an und probiere dann, sie nachzusprechen. Einmal probierst du, dem Original möglichst nahezukommen, und dann sprichst du Variationen ein. Das Ganze nimmst du mit deinem Smartphone auf.

Wenn du das Gefühl hast, gut genug für eine richtige Probeaufnahme zu sein, improvisiere ein Tonstudio oder miete dich für zwei Stunden in einem professionellen Tonstudio ein. Auch das kostet kein Vermögen und ist bei den guten Verdienstchancen von Sprechern eine lohnende Investition.

Erste Schritte:

1. für die erste Sprachaufnahme »trainieren«
2. Sprechkabine einrichten oder Tonstudio buchen
3. Demoband anfertigen

Wanderlust und Ortskenntnis zu Geld machen

»Eines Mannes Ziel ist niemals ein Ort,
sondern eine neue Art, die Dinge zu sehen.«

Henry Miller[33]

Startvoraussetzungen: Reiselust
Persönlichkeit: pädagogisch ambitioniert
Skills: Ortskenntnis, Redekunst
Vorteile: viel Bewegung an der frischen Luft

Context Travel ist eine digitale Plattform, die Reisende und Reiseführer direkt miteinander verbindet. Wo früher Reiseanbieter als Vermittler fungiert haben, ist jetzt ein Markt entstanden, auf dem Angebot und Nachfrage direkt aufeinandertreffen. Context Travel verdient dabei natürlich mit.

Anstatt nur ein 08/15-Sightseeing zu organisieren, kannst du als Einheimischer und Kenner die verborgenen Highlights zeigen.

Zum Zeitpunkt, als wir dieses Buch geschrieben haben, gab es in Berlin und München bereits Angebote für individuelle Touren, in unserer Heimatstadt Köln zum Beispiel aber nicht. Hier sind also Pioniere gefragt!

Christian spricht diese Geschäftsidee sehr an, da er selber ein Jahr lang in Manhattan als NYC-Tour-Guide gearbeitet hat. Damals gab es eine Plattform wie Context Travel leider noch nicht und so musste er sich für wenig Geld bei einem großen Reiseanbieter verdingen. Die Doppeldecker-Busse sehen zwar nostalgisch aus, die Dieselabgase machen einen auf Dauer aber total fertig.

Schön an dieser Online-Plattform ist der Spielraum, den sie dem kreativen Side Hustler lässt. Denn bei der Gestaltung der Tourangebote ist Unternehmergeist gefragt.

Kreiere die Touren, die du selber gerne erleben möchtest! Finde Routen und Konzepte, die schon durch ihre Betitelung und Beschreibung herausstechen! Wie wäre es zum Beispiel mit einer Prominententour, auf der du Drehorte, Studios, Wohnungen und Lieblingsorte ausgewählter Prominenter in deiner Stadt abklapperst?

Touren, die uns interessieren würden:

- Craft-Beer-Tour
- Graffiti-Tour
- Kiosk-Tour
- Hipster-Hangouts
- Eckkneipen-Hopping

Erste Schritte:

1. sich bei Context Travel bewerben
2. Touren mit Freunden ausprobieren
3. eigene kreative Touren einstellen

Scout für Immobilienmakler: ein Side Hustle für jedes Alter

»Immobilienhandel ist eine Kontaktsportart.«

Og Mandino[34]

Startvoraussetzungen: Verhandlungsgeschick
Persönlichkeit: bewegungsfreudig, kommunikativ und neugierig
Skills: Zuverlässigkeit, gute Beobachtungsgabe
Vorteile: Fitness, zwischenmenschliche Begegnungen

Diese Idee für ein Nebeneinkommen ist inspiriert durch eine kleine Stellenanzeige in einer schwäbischen Lokalzeitung.

Der Originaltext des Inserats:

»Mithilfe bei der Beschaffung von Grundstücken für unsere Kunden. Er/Sie sollte ortskundig, mobil, seriös sein mit Computerkenntnissen. Freie Zeiteinteilung – hohe Verdienstmöglichkeiten. Gerne auch Rentner!!«[35]

Was im »Schwabenländle« gebraucht wird, wird auch im Rest der Republik gefragt sein.

Als Scout folgst du jeder Fährte, die zu einem leer stehenden Einfamilienhaus oder Baugrundstück führen könnte. Tippgeber verkaufen ihre Informationen dann an Immobilienmakler, Bauherren und Immobilienentwickler. Die Provisionen sind variabel und verhandelbar, liegen marktüblich zwischen 5 und 10 Prozent.

Wir finden: Dies ist perfekt für den Feierabendboss, der gerne unterwegs ist und kein Problem damit hat, mit Fremden ins Gespräch zu kommen. Neugierde und etwas detektivisches Gespür helfen natürlich auch.

Zur Info: Das Ausloben einer Tipp-Provision in der Höhe von 1000 Euro war früher als wettbewerbswidrig verboten. Von dieser Rechtsprechung hat sich der BGH im Jahr 2006 abgewandt.[36]

Vom Grundsatz her ist der Höhe der Provision daher keine Grenze mehr gesetzt. Jedoch ergänzte der BGH, dass von einer besonders attraktiven Prämie schon der Reiz ausgehen könne, Akquise-Regeln zu verletzen. Bei höheren Tipp-Provisionen ist es daher erforderlich, ergänzende Maßnahmen festzulegen, die den Laienwerber davon abhalten, wettbewerbswidrig vorzugehen.

Regeln für Laienwerber als Tipp-Geber:

1. Die Akquise von Kunden (zum Beispiel Eigentümer als Verkäufer) ist wettbewerbswidrig, wenn die Akquise durch Belästigung oder in aggressiver Weise erfolgt. [37]
2. Auch ist zu vermeiden, dass der Laienwerber eine unzulässige Kaltakquise durch unaufgeforderte Anrufe betreibt.[38]
3. Der Datenschutz ist zu beachten. Persönliche Daten dürfen nämlich nur mit Einwilligung des Eigentümers weitergegeben werden.[39] Im Klartext: Die Kontaktdaten des potenziellen Verkäufers und dessen Verkaufsabsicht dürfen dem Immobilienmakler nur mit Einverständnis des Betroffenen mitgeteilt werden.

Erste Schritte:

1. Kontakt mit Maklern und Immobilienentwicklern aufnehmen
2. Tippgeber-Vereinbarungen aushandeln
3. Erkundungstouren starten

Gebrauchtwagenflüsterer: Käufer-Concierge für Autos

»Bei einer Geschwindigkeit von 100 km/h ist die elektrische Uhr das lauteste Geräusch, das sie in diesem neuen Rolls-Royce hören.«

David Ogilvy[40]

Startvoraussetzungen: Autofreak und Trüffelschwein
Persönlichkeit: Mobilitätsjunkie mit technischem Know-how
Skills: gute Kenntnisse der Pannenstatistik, technisch versiert und verhandlungssicher
Vorteile: Man wird zum Verhandlungsprofi.

Einen Gebrauchtwagen zu kaufen, kann zu einer langen Reise werden. Es ist nicht ganz so schlimm wie die Wohnungssuche in einer deutschen Großstadt, aber auch nervenaufreibend und langatmig. Wie wäre es, wenn es einen Concierge-Service gäbe, der uns diese Strapazen abnimmt und dafür eine Gebühr erhebt? Einen Makler und Berater für Gebrauchtwagen sozusagen.

Der Autoflüsterer hilft, die Suche nach dem Traumauto zu erleichtern. In einem Vorgespräch eruiert er oder sie, welche Anforderungen das neue, gebrauchte Auto erfüllen soll. Zusammen mit dem Kunden erarbeitet der Concierge dann eine Vorauswahl und einen Preisrahmen. Wenn der Concierge ein passendes Auto gefunden hat, begleitet er seinen Kunden zu der Probefahrt. Nicht nur sehen vier Augen mehr als zwei, seine Expertise ist auch bei der Testfahrt nützlich. Denn mit seinem geschulten Ohr hört er besser als der Amateurkäufer, woran es beim Motor hapern könnte.

Der Autoflüsterer versteht es, dem Verkäufer die richtigen Fragen zu stellen, um eventuelle Mängel oder Unfallschäden offenzulegen. Er versteht es, den letzten TÜV-Bericht richtig zu deuten.

Profitipp: Kläre vor der Probefahrt immer, wie das Fahrzeug versichert ist. Am besten ist natürlich eine Vollkasko-Versicherung. Besteht diese und verursacht der Probefahrer einen Schaden am Fahrzeug des privaten Verkäufers, so muss er nur die Selbstbeteiligung und einen Höherstufungsschaden ersetzen.

Wir schlagen bei der Bezahlung deiner Dienstleistung ein Hybrid-Modell vor. Eine Pauschale für die Erstberatung und Suche von geeigneten Gebrauchtwagen und eine »Provisionsbeteiligung« für den erfolgreichen Kauf. Denkbar ist natürlich auch, dass du die Preisverhandlung übernimmst und dann an der Preisreduktion prozentual beteiligt wirst.

Das Tolle an diesem Side Hustle ist, dass du kein Startkapital brauchst und die Verdienstchancen sehr, sehr gut sind.

Erste Schritte:

1. den Service Freunden und Bekannten anbieten und den Prozess protokollieren
2. eine Google-My-Business-Seite erstellen
3. Inserenten in der Rubrik »Kaufgesuche« kontaktieren

ENDLICH DIE EIGENEN IDEEN ZU GELD MACHEN

Wer im Corporate Germany arbeitet, hat oft das Gefühl, dass Kreativität gerne gefordert, aber kaum gefördert wird. Diese Side Hustles geben dir den Raum, eigene kreative Ideen auszuprobieren. Kreativität ist eine Zukunftstechnologie und auch ein Meta-Skill, weil viele andere Skills durch sie befeuert werden. Alles, was deine Kreativität also fördert, ist aus unserer Sicht per se wertvoll.

Verkaufe deine Fotos wie ein Influencer!

»Jeder kann knipsen. [...] Aber nicht jeder kann beobachten. Photographieren ist nur insofern Kunst, als sich seiner die Kunst des Beobachtens bedient. «

Friedrich Dürrenmatt

Startvoraussetzungen: aussagekräftige Fotos
Persönlichkeit: visueller Mensch
Skills: Organisationstalent, Fotografie, Trendbewusstsein
Vorteile: trainiert die Sinneswahrnehmung

Wer ambitioniert fotografiert, wird Freude an dieser Side-Hustle-Idee haben.

Auf Websites wie 123rf.com, dreamstime.com und fotolia.com hast du als Fotograf die Möglichkeit, ein Nebengeschäft zu starten. So kannst du vorhandene Fotos lizenzieren und zweitverwerten, gekauft werden diese dann von Agenturen und Werbetreibenden. Sie können die Fotos entweder einzeln kaufen und per PayPal oder Kreditkarte bezahlen. Außerdem gibt es manchmal für Käufer die Möglichkeit, ein Abonnement abzuschließen und dann in diesem

Rahmen eine bestimmte Anzahl von Bildern ohne weitere Kosten zu beziehen.

Aber nicht nur Fotos sind gefragt. Zunehmend steigt auch das Interesse an Videos, vor allem an sogenanntem B-Roll-Material. B-Roll ist zusätzliches Filmmaterial, das bei der Produktion eines Videos entsteht, es aber nicht in die finale Fassung schafft. Diese Clips helfen anderen Produzenten, da sie so vorhandenes Material einkaufen können und es nicht aufwendig selber produzieren müssen.

Kunden können die Bilddatenbank auf verschiedene Weise durchsuchen: Sie können nach Suchbegriffen (Tags), Orten, Hashtags oder genauen Metadaten suchen. Das Taggen der Fotos kann allerdings relativ viel Zeit in Anspruch nehmen. Es ist jedoch auch das, was deine Bilder besser auffindbar macht. Es ist wie beim SEO: Wenn niemand deine Website findet, bringt dir auch der beste Content nichts. Das Taggen ist also quasi die »Extra Mile«, die Erfolg verspricht.

Wie viel Geld du mit dieser Plattform verdienen kannst, hängt von der Quantität und Qualität deiner Fotos und aktuellen Trendthemen ab.

Erste Schrite:

1. sich mit den genannten Plattformen vertraut machen
2. aus dem eigenen Portfolio passende Fotos und Videos auswählen
3. die Fotos hochladen und mit Tags versehen

Podcasting: Produziere deine eigene Radio-Show!

»Nach fast drei Jahren habe ich mich an meine eigene Stimme gewöhnt – eine andere habe ich ja auch nicht!«

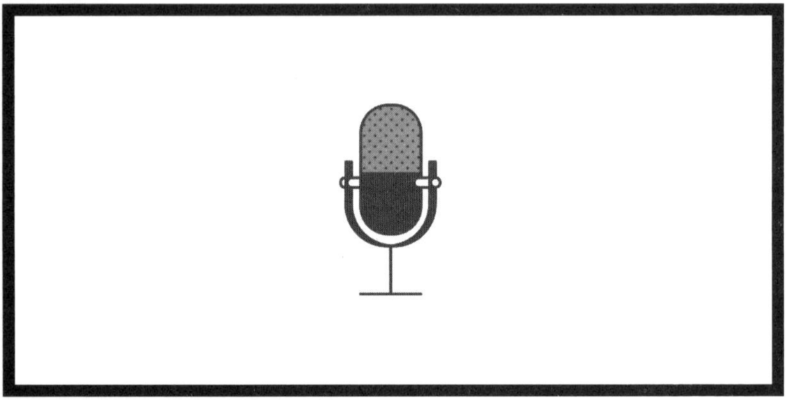

Startvoraussetzungen: Stimmübungen und Podcast-Ausrüstung
Persönlichkeit: kommunikativ und konsistent
Skills: Gespür für Themen, hoher Grad an Selbstorganisation
Vorteile: Podcasts können auch eine Vermarktungsplattform für andere Produkte sein

Podcasting erobert die Welt. Das beliebteste Nachrichtenformat in den Vereinigten Staaten sind nicht mehr die Sendungen von CNN oder Fox News, es ist der Podcast von Joe Rogan.[41]

Als Podcaster erschaffst du dir ein Mini-Medienunternehmen. Die Plattform, die du dir durch interessanten Content aufbaust, kann auf viele unterschiedliche Arten Einkommen generieren. Zugegeben: Mit diesem Business kannst du nicht von heute auf morgen Geld verdienen, da es einfach eine gewisse Zeit dauert, bis du dich als Podcaster etabliert hast.

Sobald deine »Fangemeinde« eine gewisse Größe erreicht hat, wirst du interessant für Sponsoring, Werbung, Kooperationen und Affiliate-Programme. Über deine Reichweite und deine Follower kannst du auch effektiver eigene Produkte, wie zum Beispiel T-Shirts, oder eigene Bücher wie dieses hier vertreiben. So kann das Podcasting mit der Zeit sogar zu mehreren Nebeneinkommen verhelfen.

Nebenbei hat ein Podcast einen starken PR-Effekt, weil du durch regelmäßiges Podcasten zu einer Person des öffentlichen Lebens wirst. (Wobei wir uns gerade fragen, ob es eine offizielle Metrik für den Begriff »Person des öffentlichen Lebens« gibt?)

Ein Podcast bietet dir jedenfalls die Möglichkeit, die Experten deiner Branche anzusprechen und macht dich gleichzeitig innerhalb deiner Branche bekannter. Mit der Zeit wirst du ganz automatisch selber als Experte oder Netzwerker wahrgenommen.

Wir sind der Meinung, dass am Anfang deiner Podcast-Planungen die Frage stehen sollte: Welches Thema fasziniert mich so, dass ich mich damit mehrere Jahre beschäftigen kann und möchte? Denn so lang sollte dein Zeithorizont schon sein. Get-Rich-Quick ist Podcasting so gar nicht.

Wie sieht es mit deiner Positionierung aus? Weißt du, für wen deine Show bestimmt ist? Was für Menschen sind das und welche Interessen und Fragen haben sie? Wird dein Podcast ihnen interessante Antworten auf ihre Fragen liefern? Wie können sie von deinem Podcast profitieren?

Wie beim Bloggen ist es essentiell, einen Redaktionsplan zu erstellen und am besten schon die ersten drei Monate vorauszuplanen. Nichts ist stressiger als das »Oh nein, was sende ich denn als Nächstes?«-Gefühl.

Unser eigener Podcast Nein2Five hatte durch Christians Buch *Startup! 33 Guerilla Geschäftsideen* den Vorteil, bereits Content für mehrere Dutzend Episoden zu haben. Auch unser Hauptthema war durch das veröffentlichte Buch definiert. Uns war klar, dass wir über Unternehmertum, Geschäftsideen und Gründen sprechen wollten.

Unsere Mission: Wir wollten die Lücke schließen zwischen den Podcasts, die zum Gründen »motivieren« und denen, die erfolgreiche Entrepreneure präsentieren. Wir wollten denen, die bereits motiviert sind, greifbare und ungewöhnliche Geschäftsideen schenken.

Nach 50 Episoden hat sich unser Bauchladen allerdings verändert. Es hatte sich nämlich gezeigt, dass für viele Zuhörer eine Unternehmensgründung eine Nummer zu groß ist. Viele würden lieber mit einem Mini-Unternehmen neben dem Job beginnen und schauen, wie sich dieses entwickelt, bevor sie ihrem Boss die Kündigung auf den Schreibtisch knallen. Starten wollen viele lieber als Feierabendboss!

Wir könnten dir jetzt eine Vielzahl an Mikrofonen nennen, aber das würde den Rahmen dieses Buches sprengen. Du findest dazu – wie fast immer – gute Antworten bei Onkel Google. Suchphrase: »Die besten Mikrofone für Podcasts.«

Als Schnittsoftware kannst du GarageBand (kostenlos auf dem Mac) oder Audacity (kostenlos für Mac, PC und Linux erhältlich) verwenden.

Stelle dich auf jeden Fall auf eine faszinierende Lernreise ein!

Erste Schritte:

1. Mindmap erstellen: Themen, die mich langfristig fesseln könnten
2. Probeaufnahmen mit dem Smartphone machen
3. Equipment ausleihen oder anschaffen

T-Shirt-Design: Merch your world!

»Wer echte Toleranz demonstrieren möchte, der gehe mit der T-Shirt-Aufschrift ›mein Freund ist Beamter‹ promenieren.«

Martin Gerhard Reisenberg[42]

Startvoraussetzungen: erfolgreiche Bewerbung bei merch.amazon.com
Persönlichkeit: visueller Mensch und Sprücheklopfer
Skills: Kenntnisse im Umgang mit Bildbearbeitungssoftware, Gespür für Design
Vorteile: Deine Weltsicht wird offiziell.

Hast du ein Gespür für gutes Design und haust gerne schlaue Sprüche raus? Arbeitest du gerne mit Design-Programmen, kennst dich aber weder mit Siebdruck noch mit Modevertrieb aus? Dann könnte diese kleine Geschäftsidee dir schmecken!

Der Plan: Du entwirfst ein Design und lässt die T-Shirts von Merch by Amazon produzieren, verpacken und verschicken.

Wir selber haben einige T-Shirt-Designs bei Amazon Merch platziert. Angefangen hat es als Selbstversuch für unseren Podcast, aber über die Zeit haben wir damit vierstellig verdient. Der Aufwand war minimal und Spaß gemacht hat es auch noch.

Merch ist für T-Shirts, was Kindle für Bücher ist. Die **Vorteile:** Du brauchst kein Startkapital, keine Lagerräume und musst dich weder um den Versand noch um den Kundenservice kümmern. Gefragt sind nur deine originellen Ideen! Unser Interviewgast Niclas Lahmer hat sogar die Designs outgesourct und sein Sidebusiness komplett im Sinne der Vier-Stunden-Woche strukturiert.

Für manchen T-Shirt-Designer in den Vereinigten Staaten und England ist Merch schon mehr als nur ein Nebeneinkommen. Es gibt dort Entrepreneure, die mit Merch monatlich fünfstellige Beträge verdienen.

Fairerweise müssen wir dazu sagen, dass Merch nicht für jeden sofort zugänglich ist. Amazon verlangt eine Bewerbung, bei der du glaubhaft machen musst, dass du diesen Side Hustle ernsthaft betreiben möchtest.

Welche Kriterien Amazon dabei zugrunde legt und ob sich diese je nach Konjunktur ändern, darüber kann man nur spekulieren. Wir wissen aber auch von Leuten, deren Bewerbungen abgelehnt worden sind. Man sollte das Bewerbungsverfahren also besser nicht auf die leichte Schulter nehmen.

Sobald dein Account von Amazon freigeschaltet ist, kannst du die ersten Designs hochladen.

Profitipp: Beschäftige dich auch ein wenig mit dem Marken- und Urheberrecht. So kannst du sicherstellen, mit deinen Designs niemandem auf die markenrechtlichen Füße zu treten. Amazon ist an diesem Punkt streng und bekannt dafür, die Konten von Urheberrechtsverletzern ruckzuck zu sperren.

Da du ja grundsätzlich zu jedem Thema ein T-Shirt drucken lassen könntest, ist es nicht leicht, eine Nische zu finden und sich dort zu etablieren. Fange zum Beispiel mit Feiertagen oder Events an. Karneval, Vatertag oder Geburtstage sind Ereignisse, die Menschen dazu verleiten, nach Geschenken zu suchen und hoffentlich auch deine T-Shirts zu kaufen. Auch Lokalkolorit kann ein guter Startpunkt sein: Du kennst deine Heimat oder deinen Fußballverein am besten und weißt, womit man dort einen Nerv treffen kann. Eigenheiten deiner Stadt, Mundart oder lokale Redewendungen sind ein reicher Fundus für T-Shirt-Entrepreneure.

Ein anderer Ansatz: Schaue dir die Bestseller zu bestimmten Themen auf Amazon an. Was fällt auf? Ist Humor gefragt oder eine bestimmte Weltanschauung? Analysiere dein Konkurrenzumfeld und versuche, eine Nische zu finden. Wirf verschiedene Köder aus und schaue, was den Fischen am besten schmeckt.

Ist dein Design hochgeladen, musst du noch eine Produktbeschreibung formulieren. Dies ist im Grunde ein kurzer Werbetext, der auch die Keywords enthalten sollte, die für dein Design relevant sind.

Was meinen wir mit Keywords? Nehmen wir an, du hast ein T-Shirt für den Karneval entworfen. Gehe nun auf Amazon und tippe »Karneval T-Shirt« oder »T-Shirt Karneval« ein. Amazon zeigt dir in der Dropdown-Liste typische Suchanfragen an. Es ist davon auszugehen, dass die dort angezeigten Vorschläge ein hohes Suchvolumen haben. Probiere einige Variationen aus und erstelle dir so eine Liste von Keywords und Suchphrasen.

Zudem kannst du in der Regel auch viel von den Beschreibungstexten der Bestseller lernen. Wahrscheinlich hast du es dir schon gedacht, aber trotzdem noch dieser Hinweis: Dein Text sollte nicht einfach eine Auflistung von Keywords sein, sondern ein sinnvoller Satz, der etwas Interessantes über dein T-Shirt aussagt. Die Kunst ist es also, genau wie bei guten SEO-Texten, Mensch und Maschine anzusprechen.

Amazon hat für seine Plattform Merch sogenannte »Tiers« eingerichtet. Diese Levels geben vor, wie viele Designs du hochladen kannst. Die erste Stufe erreichst du, wenn du insgesamt zehn T-Shirts verkauft hast. Amazon sendet dir dann eine Nachricht, und ab diesem Zeitpunkt kannst du bis zu zehn Designs einstellen. Die nächsten Tiers sind 25, 100, 500 et cetera.

Wir haben in unserem Side-Hustle-Experiment das erste Level relativ schnell erreicht. Interessanterweise mit nur einem einzigen T-Shirt-Design, das einen klaren Bezug zum bevorstehenden Karneval in Köln hatte.

Neben der Optimierung der Werbetexte kann der ambitionierte Side Hustler auch über zusätzliches Marketing nachdenken. Facebook Ads, Instagram Ads, Amazon Ads oder auch organisches Social-Media-Marketing sind Optionen, die interessant sein können.

Erste Schritte:

1. Bewerbung bei Merch by Amazon einreichen
2. Brainstorming: flotte Sprüche und Designideen
3. erste Designs entwerfen

Selfpublishing auf Amazon: Autor ohne Verlag

»Autoren sollten stehend an einem Pult schreiben. Dann würden ihnen ganz von selbst kurze Sätze einfallen.«

Ernest Miller Hemingway[43]

Startvoraussetzungen: ungezügelte Schreiblust
Persönlichkeit: vielseitig interessiert und wissbegierig
Skills: klares Denken, Kreativität und Disziplin
Vorteile: Sachbücher positionieren dich als Experte.

Dieser Side Hustle ist für alle, die sowieso gerne und viel schreiben, wie gemacht.

Christian erinnert sich noch mit glänzenden Augen an den Tag zurück, an dem er sein erstes, eigenes Taschenbuch in den Händen gehalten hat. Damals noch über ein Tochterunternehmen von Amazon, Create Space, gedruckt. Heute ist diese Dienstleistung integriert und das Einstellen der Taschenbuchausgabe deines Kindle-Buchs ist nur einen Klick entfernt.

Hast du der Weltgemeinde dringend etwas mitzuteilen? Bist du gefragter Experte und veröffentlichst bereits mit Resonanz auf Social-Media-Plattformen?

Selfpublishing ist sexy, weil es so einfach ist und du nicht mehr den »kulturellen Türstehern« in den Verlagen ausgeliefert bist. Beim Selbstverlag entscheidet nur noch das Publikum, ob es dein Buch lesen möchte. Es ist ein Demokratisierungsprozess, mit allen Vor- und Nachteilen.

Angehende Autoren sollten aber auch wissen, wie der Buchmarkt in Deutschland aussieht. In Deutschland liegt der Anteil von E-Books am gesamten Buchmarkt bisher immer nur um die 8 Prozent, Tendenz steigend.[44] Wobei es von Genre zu Genre unterschiedliche Subkulturen gibt. Eine Recherche zum Leseverhalten in deiner Nische empfiehlt sich daher.

Im Vergleich zu den Vereinigten Staaten sind diese 8 Prozent allerdings fast lachhaft, denn dort boomen der E-Book-Markt und das Selfpublishing seit Jahren. Zahlreiche amerikanische Autoren können ganz ohne traditionellen Verlag sehr gut leben.

Tatsächlich geht das aber auch in unserem Land. Wir haben das erfolgreiche Autorenduo Estelle Harring interviewt. Die beiden können quasi seit Tag eins von ihren Tantiemen leben und sind heute Bestseller-Autoren in Vollzeit, die ungefähr alle vier bis fünf Monate einen neuen Roman selber veröffentlichen.

E-Books haben nämlich im Vergleich zum Taschenbuch die viel besseren Margen. Durch die Corona-Krise hat sich der Trend hin zum E-Book etwas verstärkt, weil Kindle-Bücher keine Lieferzeiten haben. Ein Klick genügt. Taschenbücher hingegen hatten plötzlich Lieferfristen von bis zu zwei Wochen. Lieferengpässe könnten zukünftig ein weiterer Impuls in Richtung E-Book sein. Kein Papier, kein Buchdruck.

Während bei einem E-Book aktuell etwa 60 Prozent des Verkaufspreises bei dir als Autor kleben bleiben, sind es bei Taschenbüchern nur ungefähr 15 Prozent.[45]

Aus der Sicht des ambitionierten Side Hustlers sind solche Zahlen wichtig, weil sie die Strategie beeinflussen. Genauso wichtig ist es, sich klarzumachen, dass das Schreiben selber nur die halbe Miete ist. Als Selfpublisher bist du Autor und Verleger in einem. Denn das ist die andere Seite der Medaille: Es gibt zwar keinen Lektor mehr, der dein Manuskript ablehnen kann, dafür gibt es aber auch keine Marketingabteilung im Verlag, die deine Verkaufszahlen nach oben treibt.

Das bedeutet also, dass die Vermarktung deines Buchs komplett in deiner Hand liegt. Pressearbeit, Social-Media-Marketing und Amazon-SEO stehen vor und nach der Veröffentlichung auf der To-do-Liste. Sollten sie zumindest! Je größer zum Beispiel deine Social-Media-Plattform ist, desto besser stehen die Chancen auf einen Verkaufshit. Gerade kurz vor und während der Veröffentlichung ist es wichtig, beim Marketing Gas zu geben.

Viele Experten und Speaker heuern Ghostwriter an, um endlich ihr Buch zu publizieren. Denn auch umgekehrt kann ein Buch zu einer Plattform werden, über die sich andere Dienstleistungen besser verkaufen lassen. Das aber nur am Rande, denn es soll ja beim Feierabendboss um Side Hustles und Möglichkeiten, nebenbei Geld zu verdienen, gehen ...

Erste Schritte:

1. klein anfangen und ein Grobkonzept schreiben (Outline)
2. das Konzept mit Leben füllen
3. schreiben, schreiben, schreiben

Verkaufskünstler: mit Kunst online Geld verdienen

»Geld verdienen ist Kunst. Und arbeiten ist Kunst. Und gutes Geschäft ist die beste Kunst.«

Andy Warhol[46]

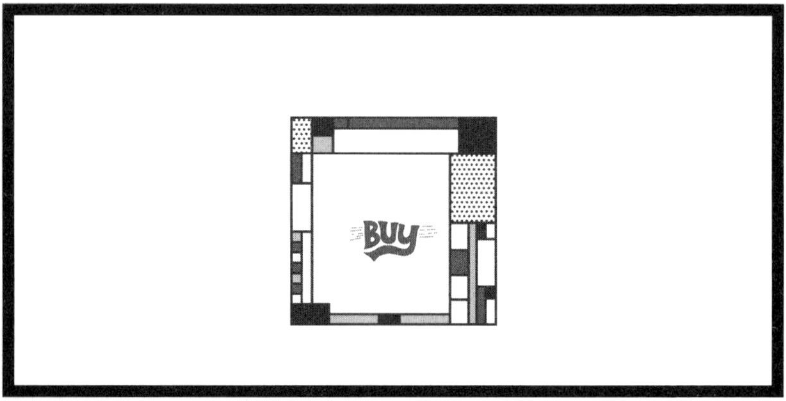

Startvoraussetzungen: Künstler, Teilzeitkünstler, Grafikdesigner
Persönlichkeit: Kreativer mit kaufmännischem Geschick
Skills: künstlerisches Talent, Geschäftssinn
Vorteile: Emanzipation vom traditionellen Kunstmarkt

Vielen Künstlern und Kreativen drückt der Schuh. Sie haben Schwierigkeiten, mit ihrer Kunst genug Geld für ein gutes Leben zu verdienen. Der Grund: Die meisten Künstler verbringen lange Abende damit, ihr künstlerisches Talent zu nähren oder ihre kreativen Skills zu verfeinern. Sie verbringen aber kaum Zeit damit, zu erlernen, was es braucht, um als Künstler tatsächlich Geld zu verdienen. Akquise, Verkauf, Marketing und Selbstvermarktung sind ein absolutes Muss. Andy Warhol ist das beste Beispiel dafür.

Wenn du zu den Künstlern gehörst, die davon träumen, ihre Werke für Tausende von Euros in einer angesagten Galerie zu verkaufen, dann ist dies hier nicht die richtige Idee für dich. Wir haben leider keine Tipps parat, wie du in der Welt der Galerien und Museen zum Star wirst. Vielleicht können wir aber dazu inspirieren, sich auch mal mit dem Verkauf von Kunst im Nebenerwerb zu beschäftigen. Kunst muss nicht brotlos sein, neue Technologien bieten so viele neue Spielplätze für kreative Geister!

Soziale Medien sind eine großartige Chance, deine Produkte und dich selbst zu vermarkten. Wir empfehlen, mit nur einer Plattform anzufangen und diese in den Griff zu bekommen, bevor du deine Reichweite ausbaust. Wer auf mehreren Hochzeiten tanzt, kommt irgendwann aus dem Takt.

Instagram ist die unangefochtene Social-Media-Plattform Nummer 1 für Künstler und Kunstliebhaber geworden. Das sind großartige Neuigkeiten für Kreative, denn sie müssen nicht mehr die »soziale Leiter« erklimmen und darauf hoffen, dass zeitgeistige Kritiker sie lobend erwähnen. Stattdessen kannst du mit Käufern weltweit direkt in Kontakt treten!

Die Sache hat jedoch einen Haken: Es kommt darauf an, wie viele engagierte Follower du hast – je beliebter dein Instagram-Konto ist, desto höher wird wahrscheinlich die Nachfrage nach deiner Kunst sein.

Wenn dein Bauch dir also sagt, dass du erstmal mehr Follower brauchst, dann fange dort an.

Zehn Tipps für mehr Follower auf Instagram

1. Optimiere dein Instagram-Profil.
2. Führe einen konsistenten Redaktionskalender.
3. Plane deine Instagram-Beiträge im Voraus.
4. Finde Partner und Markenvertreter, die deine Inhalte posten.
5. Vermeide Fake-Follower.

6. Präsentiere deinen Instagram-Account überall.
7. Poste Inhalte, die deine Follower wirklich wollen.
8. Bringe Konversationen in Gang.
9. Finde Hashtags, die konvertieren.
10. Mache deine Follower glücklich.

Maler, Illustratoren, Designer, Grafiker und sogar Bildhauer können Geld verdienen, indem sie hochwertige Drucke, Fotos oder Kopien ihrer Werke verkaufen. Schaue dir hierzu doch mal die Plattformen Spreadshop oder Posterlounge an. Eine einfache Google-Suche »eigene Poster verkaufen« führt zu weiteren interessanten Vorschlägen.

Diese Side Hustles sind nicht so glamourös wie die Vernissage in Berlin-Mitte, aber für alle, die von ihrer Kunst leben möchten, könnten sie auch ein Akt der Emanzipation sein. Ein Weg zur finanziellen Unabhängigkeit oder zumindest zum Fuck-You-Money.

Hier sind noch weitere Ideen, deine Kunst zu kommerzialisieren:

- nach Aufträgen für Originalarbeiten suchen
- Leinwandbilder auf Saatchi Art, der größten Online-Galerie der Welt, verkaufen
- Einkommen mit YouTube-Kunst-Tutorials generieren. Gerade in Zeiten von Corona beschäftigen sich viele Menschen mit neuen Themen. Sie wollen Hobbys vertiefen oder sich sinnvolle Skills aneignen. Online-Malkurse mit Tipps und Tricks vom Profi sind sicherlich interessant.

Ausblick: NFTs für Künstler: Als Künstler wird man über kurz oder lang wohl an NFTs (Non-Fungible Token) nicht vorbeikommen.

Ein NFT ist ein nicht ersetzbares (non-fungible), digital geschütztes Objekt. Viele Fans von NFTs begeistert die Möglichkeit der Smart Contracts – eine Art digitaler Vertrag, der auf der Blockchain-Technologie basiert. Diese »intelligenten Verträge« ermöglichen es dem Urheber eines NFT, auf verschiedene Weisen von einem Verkauf zu profitieren. So kann man in dem Vertrag auch verankern, dass bei jedem Weiterverkauf eine Lizenzgebühr oder Tantieme fällig werden.

Ein gutes Beispiel dafür, wie dies den Urhebern von kreativen Produkten enorm hilft, findet sich in der Musikindustrie. Anstatt ein Plattenlabel zu finden und zu überzeugen, können Musiker Tantiemen an ihre Musik »anhängen«. So klingelt jedes Mal die Kasse, wenn sie eine Kopie verkaufen.

Es gibt Apps wie OpenSea, mit denen man NFTs erstellen und verkaufen kann. NFTs können übrigens auf so gut wie jede Form von Multimedia-Objekt angewendet werden, nicht nur auf Bilder.

Erste Schritte:

1. Kunst erschaffen
2. passenden Social-Media-Kanal finden und erforschen
3. die Möglichkeiten, die sich aus NFTs ergeben, studieren

ENDLICH MEHR TEILHABE

Die Sharing Economy ist eine der größten wirtschaftlichen und gesellschaftlichen Revolutionen der letzten Jahrzehnte. Vorhandene Ressourcen nicht mehr nur für sich selbst zu nutzen, sondern sie zu teilen und damit Geld zu verdienen, ist eine wirklich schlaue Idee. Das Thema Eigentum wird dadurch aus einer anderen Perspektive betrachtet. Wenn du etwas besitzt, solltest du dafür sorgen, dass es in der Bilanz deines Lebens nicht als Verbindlichkeit, sondern als Asset steht. Ein Asset versorgt dich mit Cashflow und macht dich freier. Eine Verbindlichkeit raubt dir Ressourcen und versklavt dich. Der Feierabendboss will frei sein und darum sucht er nach immer neuen Wegen, seinen Cashflow zu erhöhen. In diesem Kapitel stellen wir euch verschiedene Plattformen vor, die das Geschäftsmodell Sharing Economy durchdeklinieren.

Airbnb: gestern wie heute ein Spielball der New Rich

»Allein schlafen fördert die Wohnungsnot.«

Deutsches Sprichwort

Startvoraussetzungen: aussagekräftige Fotos und schriftliche Genehmigung des Vermieters
Persönlichkeit: entspannt, gut organisiert und gastfreundlich
Skills: Organisationstalent, Händchen für Inneneinrichtung, Marketing-Kenntnisse
Vorteile: erweitert das Weltbild

Airbnb hat in Deutschland nicht den besten Ruf. Wir finden, dass sich wie fast immer im Leben ein differenzierter Blick lohnt. Normale Wohnungen in Airbnb-Hotels umzuwandeln, ist natürlich nicht cool, weil dem Markt dadurch gefragter Wohnraum entzogen und auch die Steuerpflicht der Hotels umgangen wird. Gerade in den Metropolen wird dies immer mehr zum Problem.

Aber die Untervermietung der eigenen Wohnung, während eines Urlaubs oder einer Dienstreise, ist unserer Meinung nach mehr als legitim. Wo sonst können »normale Menschen« noch am Immobilien-Boom finanziell teilhaben? Was nützt eine im Urlaub leer stehende Wohnung demjenigen, der verzweifelt eine Wohnung in Berlin sucht?

In unserem Interview mit dem Düsseldorfer Jungunternehmer Pedram Ghaeezadeh haben wir gelernt, dass durch Airbnb-Vermietungen sogar Wohnraum geschaffen werden kann. So kannst du vielleicht Hauseigentümer, die ihren Wohnraum aus Angst vor Mietnomaden leer stehen lassen, davon überzeugen, ihre Wohnungen gebündelt an dich zu vermieten.

Es kommt wohl nicht selten vor, dass Investoren Wohnungen und ganze Häuser leer stehen lassen, weil ihr Hauptinteresse nicht die Mieteinnahme, sondern die Wertsteigerung der Immobilie ist. Werden diese »schlafenden« Wohnungen durch dich für Übernachtungsgäste geöffnet, wird dieser Wohnraum wieder genutzt.

Übrigens ist Airbnb zwar die bekannteste Plattform zur Vermietung, allerdings nicht die einzige. Booking.com oder auch Homelike sind Alternativen.

Was viele Vermieter an Airbnb schätzen, ist die Tatsache, dass diese Plattform die finanzielle Abwicklung für dich übernimmt. Dabei wird nicht nur die Zahlungsabwicklung erledigt, es besteht auch Versicherungsschutz für die vermietete Wohnung.

Für diejenigen, die in einer Eigentumswohnung wohnen, ist die folgende Passage nicht relevant. Wer seine Mietwohnung untervermieten möchte, sollte sich über die mietrechtlichen Bedingungen im Klaren sein. Ganz egal, ob es sich um einen Tag, eine Woche oder einen Monat handelt, der Mieter muss die mietrechtlichen Vorschriften zur Untervermietung beachten. Das bedeutet, dass man sich als Mieter informieren muss, ob und unter welchen Voraussetzungen die Untervermietung überhaupt gestattet ist. Hat man eine schriftliche Genehmigung vom Vermieter eingeholt, ist man zumindest rechtlich auf der sicheren Seite. Es ist aber auch empfehlenswert, die Nachbarn über die temporäre Untervermietung zu unterrichten, damit es nicht zu Animositäten kommt.

Wie lange eine Vermietung über Airbnb möglich ist, variiert übrigens von Kommune zu Kommune. Auch hier sollten die rechtlichen Rahmenbedingungen unbedingt beachtet werden, denn die Bußgelder sind in manchen Städten verrückt hoch.

Übrigens haben auch die beiden Gründer von Homebase, deren erstaunliche Story du in unserem Podcast hören kannst, mit der Vermietung eines einzigen WG-Zimmers über Airbnb begonnen.

Ein hübscher Einstieg in das Vermieter-Geschäft ist übrigens das Co-Hosting. Als Co-Gastgeber fungierst du als Concierge und unterstützt so den Vermieter im Austausch für eine finanzielle Beteiligung.

P.S.: Zurzeit haben die Corona-Maßnahmen das Airbnb-Geschäft mehr oder weniger lahmgelegt. Trotzdem gibt es alternative Möglichkeiten, Wohnungen unterzuvermieten: als Teilzeitbüro, als »Tonstudio« oder auch als Filmset.

Erste Schritte:

1. die Regelungen in der jeweiligen Stadt oder Kommune recherchieren
2. eine schriftliche Genehmigung beim Vermieter einholen
3. putzen und dann gute Fotos von der eigenen Wohnung machen

eBay: Werde zum Auktionator deines Hausrats!

»eBay ist ein Evergreen, denn die Leute kaufen immer gerne günstige Sachen. In guten wie in schlechten Zeiten.«

Startvoraussetzungen: Smartphone
Persönlichkeit: Frugalist oder Minimalist mit Verkaufstalent
Skills: eBay-Selling
Vorteile: endlich Ordnung in der Bude und mehr Geld in der Haushaltskasse

Frugalisten machen es sich zum Ziel, das bestmögliche Leben für sich, ihre Familie und die Umwelt zu gestalten. Sie achten darauf, wofür sie ihr Geld ausgeben und ob ihnen das Gekaufte wirklich Freude bereitet. Finanzielle Bildung hilft ihnen dabei, durch das Investieren ihrer Überschüsse finanziell immer unabhängiger zu werden.

Dieses Nebeneinkommen könnte unter dem Motto »Frugalismus meets Business« stehen. Die meisten Westeuropäer haben viel zu viele Dinge in ihren Wohnungen oder Häusern. Es ist wirklich schwierig, in einer Konsumgesellschaft nicht den Versuchungen der Werbeindustrie und der eigenen Psyche zu verfallen.

Auf Dauer kann das aber belastend werden. Dass dieses Thema universellen Charakter hat, zeigt der Erfolg der Netflix-Serie mit Marie Kondo. Das Thema »Aufräumen mit Konzept« ist mitten im Mainstream angekommen und fast schon sexy und es ist auf jeden Fall schon lange nicht mehr nur für Messis relevant.

Wie wäre es also, deine Wohnung und dein Leben zu entschlacken und gleichzeitig deine Besitztümer auf eBay zu recyclen? Daraus ergibt sich eine Win-win-win-Situation. Du fühlst dich besser, weil du weniger Nippes in deiner Wohnung hast. Du verdienst Geld UND du sorgst dafür, dass die Müllkippen nicht noch weiter anwachsen.

EBay ist der Flohmarkt des digitalen Zeitalters, und dieses Bild kannst du bei diesem Side Hustle ruhig im Hinterkopf haben. Soll heißen: Es ist im Grunde irrelevant, wie viel du einmal für einen Gegenstand bezahlt hast. Das Einzige, was zählt, ist die Nachfrage und wie viel dein Gegenstand den Nachfragenden wert ist. Daher ist es manchmal psychologisch sogar besser, wenn man den ursprünglichen Kaufpreis seiner Besitztümer nicht kennt.

Hier noch ein Tipp aus eigener Erfahrung: Recherchiere alle Artikel, die du verkaufen möchtest, und »folge« einigen Auktionen mit ähnlichen Gegenständen, damit du ein gutes Gefühl für den Marktpreis bekommst. Der Grund, aus dem sich diese Recherche vor dem Verkauf unbedingt lohnt: Ein Angebot für eBay zu erstellen nimmt Zeit in Anspruch! Du solltest mindestens drei Fotos pro Produkt einstellen und diese sollten einigermaßen gut aussehen. Der Beschreibungstext sollte detailliert, freundlich und stichhaltig sein. Je mehr Produktinformationen du hinzufügen kannst, desto höher sind deine Verkaufschancen.

Wenn du also bei deinen Nachforschungen feststellst, dass identische oder vergleichbare Artikel bei Auktionen kaum Geld einspielen, lohnt sich dieser Zeitaufwand nicht.

Profitipp: Über die eBay-App kann man Fotos noch einfacher auf seine Auktionsseite hochladen. Den Beschreibungstext und die

Produktdetails kann man dann am Rechner vervollständigen. Das ist für alle interessant, die, wie wir, schneller am Rechner als auf dem Smartphone schreiben.

Bei manchen Sachen ist es auch clever, auf die passende Jahreszeit zu warten. Spielzeug verkauft sich am besten vor Weihnachten, und Sport-Equipment meistens besser im Frühling.

Es gibt auch Artikel, bei denen es besser ist, diese nicht über die Auktionsplattform von eBay zu verkaufen. EBay-Kleinanzeigen oder auch Kalaydo sind manchmal die bessere Option.

Ein altes Peugeot-Rennrad mit Platten haben wir zum Beispiel über eBay-Kleinanzeigen lokal zum Festpreis von 80 Euro verkauft. Das ist gebührenfrei und man spart sich auch noch den Versand, der gerade bei sperrigen Gegenständen ein echter Zeitfresser werden kann.

Bei Auktionen solltest du die zusätzlichen Optionen wie »Angebotsbeginn planen«, »Angebotsdauer auf 10 Tage erweitern« nutzen, indem du auf der Angebotsseite oben rechts bei »Weitere Optionen aktivieren« ein Häkchen setzt. Der Hintergrund: Es ist erfahrungsgemäß besser, Auktionen am Abend auslaufen zu lassen, wenn mehr Menschen zu Hause und vorm Rechner sind als zur Mittagszeit. Die Standardeinstellung von sieben Tagen ist okay, aber es ist besser, das Angebot zehn Tage online zu haben, weil es dann mehr Augen zu sehen bekommen.

Bestimmte Produkte, wie zum Beispiel Bücher und Computerspiele, sind übrigens wesentlich unkomplizierter über den Marketplace von Amazon zu verkaufen. Dort musst du keine eigenen Fotos hochladen, sondern kannst dein Angebot einfach unter einem bereits vorhandenen Eintrag hinzufügen. So dauert das Erstellen eines Angebots mit etwas Routine wirklich nur noch zwei Minuten. Wenn du den Versand gut organisierst, ist auch der in wenigen Minuten erledigt. Dieser Side Hustle kann also wirklich ganz easy nebenbei laufen.

Ein Bekannter verdient alleine mit dem Verkauf von gebrauchten Büchern über Amazon Marketplace jeden Monat rund 100 Euro. Seinen Zeitaufwand beziffert der Feierabendboss mit »vielleicht einer halben Stunde pro Woche«.

Bei den Plattformen eBay und Amazon ist es wichtig, für einen reibungslosen, kundenfreundlichen Ablauf zu sorgen. Gute Rezensionen sind das A und O für deinen anhaltenden Verkaufserfolg. Wahrheitsgemäße Beschreibungen, die auch die Mängel auflisten, und eine schnelle Lieferung sind die Grundpfeiler einer Transaktion, die dann in aller Regel zu einem positiven Feedback führt.

Wer noch nie auf eBay oder bei Amazon verkauft hat, könnte die Sorge haben, dass man viel Stress mit Retouren hat oder der Kundenservice zeitaufwendig ist. Ein Interviewpartner hat einige Jahre Verkaufserfahrung auf den beiden Plattformen und kann sich nur an wenige Konflikte erinnern. Sein Motto: im Zweifel das Produkt einfach zurücknehmen und das Geld zurücküberweisen.

Und hier noch ein weiterer Tipp, der sowohl dazu führt, weniger Retouren zu haben, als auch die Rezensionen verbessert: Wähle bei der Zustandsbeschreibung lieber eine Stufe unterhalb deiner eigenen Einschätzung. Wenn Du findest, dass dein Buch in »sehr gutem« Zustand ist, wähle »guter« Zustand aus. So sind deine Kunden im Zweifel positiv überrascht und nicht enttäuscht über eine in ihren Augen unzutreffende Beschreibung.

Fange entweder in einem Zimmer an, oder beginne mit einer Produktgruppe (Anziehsachen, Schallplatten, Bücher). So ist das Ganze nicht zu überwältigend. Arbeite in kleinen Einheiten und freue dich über jeden einzelnen Gegenstand, den du wieder in den ökonomischen Kreislauf gebracht hast. Alle eBayer, mit denen wir gesprochen haben, lieben das Gefühl, unnötigen Ballast loszuwerden und dabei auch noch die Umwelt zu schonen.

Erste Schritte:

1. einen Schrank auswählen, den man »minimalisieren« möchte
2. vergleichbare Produkte recherchieren und den Preis bestimmen
3. die eBay-App herunterladen und mindestens drei gute Fotos machen

Getaround: dein Zusatzeinkommen auf der Überholspur!

»Ein Fußgänger ist ein glücklicher Autofahrer, der einen Parkplatz gefunden hat.«

Joachim Fuchsberger[47]

Startvoraussetzungen: eigenes Auto
Persönlichkeit: Mensch mit entspanntem Verhältnis zu Eigentum
Skills: Flexibilität und Organisationstalent
Vorteile: Beitrag zum Umweltschutz

Diese Idee für ein Nebeneinkommen ist nicht für jeden Feierabendboss geeignet, da sie voraussetzt, dass man ein Auto besitzt. Bist du Autobesitzer, geht es dir vielleicht so wie uns: Die Karre steht sehr viel rum! Lockdowns, Homeoffice und ein aktiviertes Umweltbewusstsein haben das für viele Autofahrer noch verstärkt. Wer Ressourcen wertschätzt, kommt ins Nachdenken: Soll ich mir das Auto mit einem Freund oder Nachbarn teilen? Es vielleicht ganz abschaffen?

Getaround kann die Antwort für den Autobesitzer und Feierabendboss sein! Auf dieser digitalen Plattform wirst du nämlich selbst zur Autovermietung. Bis vor Kurzem war Getaround übrigens als drivy bekannt. (Anmerkung: In der vorherigen Version dieses Buchs haben wir euch die Plattform Turo vorgestellt. Die ist in Deutschland nicht mehr aktiv. Im Zeitalter des Internets ist das Bücherschreiben ganz offenbar immer auch ein Wettrennen mit der Zeit.)

Getaround ist eine weltweite Marke und hat nach eigenen Angaben 2,5 Millionen Nutzer alleine in Europa.[48] Auf der Website kann man durch die Eingabe einiger weniger Daten errechnen lassen, wie viel man mit seinem Auto monatlich verdienen kann. Ein paar Hundert Euros sind wohl kein Problem.

Wie geht das Ganze praktisch? In wenigen Schritten kannst du dein Auto einstellen und präsentieren. Dieser Prozess ist so, wie wir ihn von anderen digitalen Plattformen wie eBay, Airbnb oder Tinder kennen. Gute Fotos, pfiffige Texte und vor allem gute Rezensionen entscheiden über die Anzahl der Anfragen und Buchungen.

Wer sein Auto nur gelegentlich vermietet, kann die Schlüsselübergabe selbst organisieren. Manche refinanzieren sich aber mit Getaround auch ihr Auto und vermieten es überwiegend. Das ist dank einer App dann auch ganz kontaktlos möglich.

Wie bei Airbnb bestimmst du den Preis für die Vermietung. Es ist auch möglich, flexible Preise einzustellen, um sich so besser an die schwankende Nachfragesituation anpassen zu können. Pkw können für einen Tag, vier Tage oder auch mehrere Wochen gebucht werden. Den Vollkasko-Versicherungsschutz durch die Allianz Versicherung bezahlt übrigens der Mieter deines Autos.

Getaround hat seine Plattform auch für Gewerbetreibende geöffnet, die so ihren ganzen Fuhrpark digital anbieten können. Diese Idee hat also das Potenzial, ein Main Hustle zu sein.

Erste Schritte:

1. die Plattform erkunden
2. gute Fotos vor einem hübschen Hintergrund machen
3. aussagekräftiges, detailliertes Profil erstellen

ENDLICH BEZAHLTER BESSERWISSER

Die Überschrift vermittelt vielleicht den falschen Eindruck, weil Besserwisserei eher negative Konnotationen hervorruft. In dieser Rubrik präsentieren wir dir Side Hustles, die dir die Chance bieten, mit deiner Expertise, deinem Fachwissen, zu punkten. Kompetenz beats Passion, dazu haben wir ja schon ein ganzes Kapitel geschrieben. Ob als Seminarleiter im Cyberspace oder als Pilzexperte im Wald, gefragt sind dein Know-how und deine soziale Kompetenz.

Udemy und Co.: Die Welt ist voller Schüler, werde ihr Lehrer!

»Man lernt, indem man lehrt.«

Lucius Annaeus Seneca[49]

Startvoraussetzungen: Fachkompetenz, Mikro, Kamera, Video-Software
Persönlichkeit: »Überzeugungstäter« mit Geschäftssinn
Skills: Fachwissen, Didaktik, Medienkompetenz
Vorteile: festigt den Expertenstatus

Udemy, Udacity und Co sind Online-Bildungsplattformen, auf der Experten ihr Fachwissen teilen. Es gibt Seminare zu »Airbnb-Gastgeber«, »Immobilien-Flipping«, »mit Sauerteig backen« und natürlich die sehr beliebten Kurse zum Programmieren.

Diese Plattformen werden immer populärer und laufen traditionellen Weiterbildungseinrichtungen den Rang ab. VHS war gestern, der Digital Native holt sich seine Weiterbildung online. Die Corona-Krise mit ihren Lockdowns hat diesem Trend einen Turbo eingebaut.

Bist du auf irgendeinem Gebiet oder Randgebiet Experte? Welche besonderen Fertigkeiten hast du, nach denen du im »echten Leben« häufiger gefragt wirst? Die Antwort auf diese beiden Fragen könnte ein guter Ausgangspunkt für dein Seminarthema sein.

Auf der anderen Seite muss deine Expertise natürlich auch auf Nachfrage bei Kursteilnehmern treffen. Wenn du Experte im Reparieren von Bentleys bist, könnte deine Zielgruppe etwas zu klein sein. Allerdings wundert man sich oft, wie groß selbst kleine Nischen sein können.

So könnte man bei seiner Recherche vorgehen: Welche Kursthemen sind auf Udemy beliebt? Welche Unterthemen werden noch nicht bedient? Welche Fragen bleiben bei den Kursteilnehmern und Kunden noch unbeantwortet?

Hast du die Schnittmenge zwischen deiner Kompetenz und der Nachfrage am Markt gefunden, geht es ans Eingemachte: Erstelle ein Konzept für deinen Kurs oder Workshop! Eine gute Idee ist es dann, deinen Lehrplan auszutesten. Hierzu eignen sich Offline-Workshops, die du zum Beispiel in Coworking-Spaces oder in Netzwerken abhalten kannst. So kannst du ausprobieren, ob dein Konzept aufgeht und dir direkt Feedback von den Teilnehmern einholen.

Eine andere Möglichkeit, dich deinem Thema zu nähern, sind Umfragen. Finde in deinem Umfeld heraus, welche Fragen deinen Leuten bei einem Thema besonders wichtig sind. Kommt genug Material zusammen, könnten dir diese Fragestellungen sogar als Outline dienen.

Steht das Konzept, kommt der nächste Schritt: Die Einrichtung eines »Aufnahmestudios« Mit einem zweckmäßig eingerichteten, hallfreien Raum kannst du qualitativ hochwertige Kurse erstellen. Ideal wäre tatsächlich ein begehbarer Kleiderschrank. Denn Nebengeräusche wie Knacken, Knistern und das Surren eines Haushaltsgerätes lenken ab und führen dazu, dass die Zufriedenheit der

Teilnehmer sinkt. Das Gleiche gilt für eine wackelige Kameraführung.

Denk daran, dass für jede Art von Kurs andere Anforderungen an die Aufnahmeumgebung gelten. In Screencast-Videos für Programmierkurse zeichnest du deinen Computerbildschirm auf. In Videos für Kurse, in denen du deinen Teilnehmern etwas direkt erklärst, kannst du dich in Form einer »Sprecher-Nahaufnahme« oder bei einer Aktivität (Kochen, Yoga-Übung und so weiter) filmen. Du kannst Screencasts und Aufnahmen von dir auch im Nachhinein mithilfe einer Bearbeitungssoftware kombinieren.

Als Equipment brauchst du Kamera und Mikrofon. Für den Anfang kannst du die in deinen Computer integrierte Kamera benutzen. Das integrierte Mikrofon solltest du aber auf keinen Fall verwenden! Investiere in ein gutes Ansteckmikrofon, das Hintergrundgeräusche reduziert und im Video quasi unsichtbar ist.

Außerdem benötigst du Screencast-Software. Für Screencast-Aufnahmen empfiehlt sich die Anschaffung von Screencast-Software wie ScreenFlow (MAC), QuickTime Player (MAC), CamStudio oder Jing.

Was das Beleuchtungsequipment betrifft, versuche es zuerst mit dem natürlichen Licht in dem Raum, in dem die Aufnahmen stattfinden sollen. Falls das nicht ausreicht, probiere alle Lampen und Lichtquellen bei dir zu Hause aus. Wenn das immer noch zu dunkel ist, solltest du dir ein Dreipunkt-Beleuchtungsset zulegen.

Profitipp: Solltest du kein solches Set haben, dann nimm dich immer so auf, dass dein Gesicht zum Fenster oder zum Licht ausgerichtet ist.

Es klingt jetzt vielleicht skurril, aber prüfe vor der Aufnahme, ob dein Mikrofon richtig angeschlossen ist und die Aufnahme-Software es auch erkennt und ordnungsgemäß damit arbeitet. Am besten ist es immer, vor der eigentlichen Aufnahme eine Probeaufnahme zu machen. Es gilt das Motto: Lieber einmal zu viel getestet, als einmal zu viel über eine vermasselte Aufnahme geärgert ...

Selbstverständlich gibt es auch auf Udemy Kurse darüber, wie du einen Udemy-Kurs erstellst!

Erste Schritte:

1. Themen brainstormen und recherchieren
2. vorhandenes Equipment ausprobieren
3. selber Online-Kurse besuchen

Smartphone-Schulungen für Senioren: Kaffeeklatsch with Benefits

»Corona hat die Digitalisierung vorangetrieben und die Senioren nicht ausgelassen. Lassen wir keinen zurück!«

Startvoraussetzungen: Smartphone und modellübergreifende Kenntnisse
Persönlichkeit: Lehrertyp mit Nerd-Tendenz
Skills: Software, Pädagogik, Geduld
Vorteile: schafft sozialen Ausgleich

Millionen älterer Bundesbürger werden von der Digitalisierung abgehängt und uns droht eine digitale Spaltung in unserem Land. Dabei könnten gerade Senioren von der Digitalisierung enorm profitieren, wie die Corona-Krise gezeigt hat: Lieferdienste, Videotelefonie und WhatsApp sind gerade für ältere Menschen essenziell, denn diese Services schenken ihnen Lebensqualität. Gerade wenn die Mobilität nachlässt, können digitale Dienste die soziale Nähe aufrechterhalten.

Mittlerweile bieten Geschäfte wie der Elektrogroßmarkt Saturn schon einen »Einrichtservice« für das Smartphone an. Auch an Volkshochschulen werden Kurse zu diesem Thema angeboten.

Warum nicht einen Side Hustle daraus machen, indem man sich nicht auf die reine Wissensvermittlung versteift, sondern daraus gleich ein kleines Event macht? Viele Senioren möchten sehr gerne lernen, wie sie Lebensmittel online bestellen oder ihren Enkeln WhatsApp-Nachrichten schicken können. Wir kennen sogar Senioren, die gerne Bitcoin kaufen möchten und dankbar sind, wenn man ihnen dazu eine App installiert.

Ein denkbarer Rahmen für diesen Side Hustle: Bis zu sechs Senioren kommen an einem Nachmittag für drei Stunden zusammen und lernen – während sie Kaffee trinken – ihr Smartphone besser zu nutzen. Sie lernen die grundlegenden Funktionen und Einstellungen ihres Handys kennen. Sie machen Fotos und versenden diese. Sie schreiben SMS oder WhatsApp-Nachrichten und probieren die Videotelefonie untereinander aus.

Zusätzlich kann auch noch Kaufberatung mit Begleitung zum Handyshop angeboten werden. Das Ganze könnte auch in Seniorenheimen oder anderen Einrichtungen abgehalten werden.

Wie erreicht man diese Zielgruppe? Am besten über die gute alte Tageszeitung: Die meisten Senioren lesen täglich eine Zeitung oder hören Radio. Laut Studien geben etwa über 80-Jährige an, länger als eine Stunde mit der Zeitungslektüre beschäftigt zu sein.[50] Und da ältere Menschen sich eng an die lokale Tageszeitung gebunden fühlen, wäre ein Inserat in eben dieser der erste Schritt.

Erste Schritte:

1. Workshop-Konzept erarbeiten
2. Anzeige in Tageszeitung schalten
3. in Senioreneinrichtungen gehen und das Konzept dort persönlich vorstellen

Cost Cutting Consultant: Sparen wie ein Schwabe!

»Sparmaßnahmen muss man ergreifen, wenn man viel Geld verdient. Sobald man in den roten Zahlen ist, ist es zu spät.«

Jean Paul Getty[51]

Startvoraussetzungen: Auge für Zahlen, Akribie
Persönlichkeit: zuverlässig, zahlenaffin, lösungsorientiert
Skills: Talent für Kommunikation und Analytik
Vorteile: freie Zeiteinteilung

Traurig, aber wahr: Die Verschuldungsquote steigt, insbesondere bei den jungen Menschen. Viele Bundesbürger haben ihre Kosten leider überhaupt nicht im Griff.

Laut Statista wurde zum Stichtag 1. Oktober 2021 für Deutschland eine Überschuldungsquote von rund 8,86 Prozent gemessen.

Damit sind etwa 6,16 Millionen Bürger über 18 Jahre überschuldet und weisen nachhaltige Zahlungsstörungen auf.

Rund 3,76 Millionen dieser überschuldeten Personen sind Männer.

Das bedeutet, dass etwa 11,07 Prozent der Männer über 18 Jahren in Deutschland als überschuldet und zumindest nachhaltig zahlungsgestört angesehen werden können.[52]

Führst du ein Haushaltsbuch? Wir nicht, dabei wäre es bestimmt hilfreich. Es ist wie mit der Einkommensteuererklärung: eine lästige Sache, die man am liebsten aufschiebt bis zur Verjährungsfrist. Dieser Schmerz ist das Geschäftsmodell des Cost Cutting Consultants. Wenn du zu der seltenen Gattung Mensch gehörst, die funkelnde Augen bekommen, wenn es Dokumente zu ordnen gibt, dann ist das hier dein Side Hustle.

Du bist der Controller der Ich-AGs, überwachst, analysierst und hinterfragst jede Ausgabe deiner Kunden. Gibt es bei deinem Klienten vielleicht kleine oder sogar große Abonnements, die sie irgendwann einmal euphorisch abgeschlossen haben? Abonnements, die nun seit Jahren unbemerkt nebenherlaufen? Dann ist das dein Stichwort: Du weist sie freundlich darauf hin, dass seit Jahren eine Mitgliedschaft in einem fancy Fitnessclub läuft, das Studio aber laut eigenen Aussagen eigentlich immer nur im Januar, nach der Neujahrsresolution, besucht wird.

Erfahrungsgemäß wird dies nicht die einzige Ausgabe sein, die unbemerkt und heimtückisch mitläuft. Die Aufgabe des Cost Cutting Consultant ist nicht nur, tief ins Gewissen zu reden, sondern auch plakativ aufzuzeigen, dass das, was man gerade macht, Kapital verbrennt. Kapital, das man ansonsten investieren könnte. Wir erinnern uns an die FIRE-Bewegung, die Frugalisten und das Fuck-You-Money!

In einem Interview mit dem Finanzberater Chris Deckarm haben wir über »schwäbische Strategien« gesprochen. Wir haben uns zum Beispiel laufende Versicherungsverträge angeschaut und festgestellt, dass es ganz simple Strategien gibt, jedes Jahr etwas Geld zu sparen. Wer zum Beispiel alle Versicherungsverträge auf eine jährliche Zahlweise umstellt, kann einige Hundert Euro pro Jahr einsparen. Wer seine ADAC-Mitgliedschaft durch einen Kfz-Schutzbrief im Rahmen seiner Kraftfahrtversicherung ersetzt, zahlt oft weniger als ein Drittel des Preises. So gibt es viele kleine, unbeachtete Details, die ein großes Sparpotenzial bergen.

Der Cost Cutting Consultant senkt die Kosten elegant und strategisch, sodass es den Klienten in seinem Alltag nicht einschränkt. Er hilft, Pläne zu implementieren, die die Ausgaben effektiv senken und damit das verfügbare Kapital erhöhen.

Biete deine Dienstleistung am besten erstmal bei deinen Freunden und Bekannten an, um ein Gefühl für den Prozess und den tatsächlichen Aufwand zu bekommen. Du könntest es bei ihnen erst einmal gratis und später vielleicht mit Erfolgsprovision anbieten. Du verlangst von dem Eingesparten einfach einen bestimmten Prozentsatz. Du bekommst beispielsweise 10 Prozent vom eingesparten Gesamtbetrag. So gewinnen beide Seiten: »Wenn ich dir helfe, 1000 Euro zu sparen, dann zahlst du mir 100 Euro!« Das klingt doch nach einem fairen Deal...

Erste Schritte:

1. den Prozess und das Potenzial bei Freunden und Familie erproben und protokollieren
2. eine lokale Webpräsenz über Google My Business (seit Kurzem Google Business Profiles) erstellen
3. von Testkunden Rezensionen einholen

Pilzcoaching: Freude schenken und Leben retten!

Die letzten Worte des Pilzessers: »Diesen Pilz kannte ich noch gar nicht ...«

Startvoraussetzungen: Hobby-Mykologe
Persönlichkeit: natur- und waldverbunden
Skills: gute Kenntnisse über genießbare Pilze, Organisationstalent
Vorteile: viel Bewegung an der frischen Luft

Ist der grüne Knollenblätterpilz giftig? Gibt es überhaupt einen essbaren Doppelgänger? Leider führen beim Pilzesammeln viele Wege in die Katastrophe: Unkenntnis, Schludrigkeit beim Bestimmen, Leichtsinn oder auch das unreflektierte Nachahmen anderer Sammler.

Aber wie geht verantwortungsvolles Sammeln überhaupt und wie verhält man sich im Wald angemessen? Sollte man die Pilze mit einem Messer abschneiden oder lieber mit der Hand herausdrehen? Fragen über Fragen!

Jedes Jahr sterben naive Pilzsammler an ihrer Leichtfertigkeit. Einige Pilze sehen ihren essbaren Geschwistern einfach zum Verwechseln ähnlich und dennoch sind sie gesundheitsgefährdend.

Als Pilzcoach bist du für die fachkundige Beratung deiner Pilzsammler zuständig, während du sie auf Exkursionen in den Wald begleitest. Du könntest diese Geschäftsidee auch wunderbar ausweiten, indem du nach dem Sammeln der Pilze diese gemeinsam, in der Gruppe, zubereitest. Nachmittags gemeinsam Pilze sammeln und abends in kleiner Runde ein Pilzragout zubereiten. Du könntest deine Pilz-Events in unterschiedlichen Formaten anbieten: Ausflüge für Familien mit Kindern, Wanderungen für Singles mit anschließender Dinnerparty und ein spezielles Pilzcoaching für Profiköche.

Der Einstieg in dieses Side Hustle ist über zwei Wege möglich. Variante 1: Du machst eine Ausbildung mit abschließender Prüfung bei der Deutschen Gesellschaft für Mykologie. Variante: Du buchst zu jeder Tour einen Pilzexperten dazu.

Bei der zweiten Variante wäre man vor bösen Überraschungen geschützt und auf der sicheren Seite. Andererseits beeinflusst das Zukaufen von Expertise natürlich auch die Gewinnmarge.

FUN FACT:

Pilze kann man, entgegen der landläufigen Meinung, in nahezu jedem Monat des Jahres finden.

Zwar gelten September und Oktober als Hauptsaison für Pilze, aber auch die Frühlingsmonate April und Mai bieten viele kulinarische Highlights, wie zum Beispiel den aromatischen Steinpilz.

Du als Pilzcoach hilfst also, unter allen Pilzen die giftigen von den essbaren zu unterscheiden und dabei im besten Fall auch noch einen schönen Ausflugstag für alle Teilnehmer zu kreieren.

Bei unserer Recherche haben wir herausgefunden, dass bei einer Gruppe von 15 Personen mindestens 150 Euro veranschlagt werden können. Wenn du dem Ganzen mehr Event-Charakter verleihen kannst und Zusatzleistungen wie putzen und kochen mit anbietest, kannst du natürlich wesentlich mehr Geld mit diesem Side Hustle verdienen.

Und übrigens, wer in den Wald geht, spürt es instinktiv: Wald tut gut! Das ist ein hübscher Nebeneffekt dieses Side Hustles.

Erste Schritte:

1. Ausbildung zum Pilzversteher oder Aufbau eines Netzwerkes an Experten
2. regionale Werbung über kostenlose Plattformen starten
3. Testläufe im Freundeskreis organisieren

ABGEDREHTE SIDE HUSTLES

Manche der Side Hustles in dieser Rubrik sind exotisch und vielleicht auch etwas verrückt. Allerdings machen gerade die abgedrehten Ideen doch oft am meisten Spaß! Für die Vermarktung kann ein Konzept überhaupt nicht abgedreht genug sein, denn Journalisten lieben eine ungewöhnliche Story. Wer sein Business also schnell bekannt machen möchte, der hat bei den hier vorgestellten Ideen die Garantie, dass die Presse ihn lieben wird. Das spart im Zweifel Geld für Werbung ein. Geld, das an anderer Stelle investiert werden kann.

Hundemüde: Haufenschipper im Nebengeschäft

»Das war kein Dackel, sondern was Größeres.«

Startvoraussetzungen: keine Angst, sich die Hände schmutzig zu machen
Persönlichkeit: tierlieb mit unempfindlicher Nase
Skills: wachsames Auge
Vorteile: viel Bewegung an der frischen Luft

Das erste Mal haben wir von dieser schrägen Idee bei Nick Loper von Side Hustle Nation gehört.[53] Sie ist also nicht auf unserem Mist gewachsen – Wortspiel beabsichtigt.

Stelle dir vor, du könntest ein Geschäft mit der Beseitigung von Hundeexkrementen machen! Als Kackeschaufler, Haufenschipper oder Kotbagger.

Dieses Geschäftsmodell ist denkbar einfach: Hundekot aufsammeln, damit der Hundebesitzer oder wer auch immer davon betroffen ist, es nicht selber machen muss. Wer würde diesen Job nicht gerne auslagern?

Überall dort, wo Hausbesitzer oder Firmen über große Gartenanlagen oder Parks verfügen, kann herumliegender Hundekot zum dampfenden Problem werden. Aber auch in städtischen Grünanlagen, in denen Hunde frei herumlaufen und sich selbst überlassen sind, dürfte diese Dienstleistung Passanten, Picknicker und die Eltern spielender Kinder dankbar machen.

Mögliche Kunden für dieses Business sind also öffentliche Verwaltungen, Unternehmen und vermögende Privatpersonen. Weitere Ansprechpartner sind vielleicht Landschaftsgestalter, die deinen Service als zusätzliche Dienstleistungen in ihr Portfolio aufnehmen können.

Ein Flyer ist schnell produziert und schon kannst du loslegen und den Markt erforschen! Denn dies hier ist ein Side Hustle, der im Grunde nur etwas Hustle, etwas Chuzpe, erfordert. Das finanzielle Invest ist kaum erwähnenswert, aber es erfordert Mut und Selbstbewusstsein, sich mit einem so »schmutzigen« Angebot auf den Markt zu wagen.

Wer es schafft, über den Schatten seiner Scham zu springen, kann sicher gutes Geld verdienen. Gerade, weil Scham die größte Einstiegsbarriere bei dieser Geschäftsidee sein dürfte und viele es aus eben diesem Grund nicht machen werden. Über zu viel Konkurrenz brauchst du dir bestimmt keine Sorgen zu machen!

Übrigens: Hundekot gehört in die Restmülltonne oder in einen städtischen Mülleimer. Er darf nicht in einer Biotonne entsorgt werden, auch dann nicht, wenn er sich in einer Bioplastik- oder Papiertüte befindet. Grund sind die Würmer und Bakterien, die im Kot sein können.

FUN FACT:

Kennst du den ökologischen Fußabdruck eines Hundes?

Eine Tonne Kot, 2000 Liter Urin und 8,2 Tonnen Kohlendioxid: Das ist die lebenslange Ökobilanz eines mittelgroßen Hundes.

Damit erzeugt er bis zu seinem Tod ähnlich viele Treibhausgase wie 72.800 mit dem Auto gefahrene Kilometer.

Die größten umweltschädlichen Effekte haben dabei das Fleisch im Hundefutter und der Kot des Vierbeiners – Letzteres überraschte selbst die Wissenschaftler, die dieses Phänomen untersuchten.[54]

Erste Schritte:

1. Flyer produzieren und verteilen
2. Google-My-Business-Seite aufbauen
3. Ausrüstung besorgen

Kater-Katering: Catering für den Morgen danach!

»Ich glaube, wenn dir das Leben Zitronen beschert, dann solltest du Limonade machen und jemanden finden, dem das Leben Wodka beschert hat, um zusammen eine Party feiern zu können.«

Ron White[55]

Startvoraussetzungen: fideler Frühaufsteher
Persönlichkeit: anpackend und verständnisvoll
Skills: Gastroerfahrung, Ernährungswissen
Vorteile: Man lernt ständig neue Leute kennen.

Kater-Katering ist eine unserer Lieblingsideen. Sie ist schlicht, sie ist aber auch originell. Sie lehrt uns aber auch, dass wir vielleicht manchmal beim Brainstorming und der Ideensuche zu vorsichtig sind.

Ob ein Side Hustle funktioniert oder nicht, können wir nicht in unserem Kopf entscheiden. Wir müssen dieses Urteil immer dem Markt, also den Kunden, überlassen. Denn letztlich ist die einzige Meinung, die wirklich zählt, die des zahlenden Kunden.

Stelle dir bitte folgendes Szenario vor: Du wachst am Morgen auf und erinnerst dich nur noch schemenhaft an den Vorabend.

Deine Glieder schmerzen, dein Schädel brummt, deine Kehle ist wie ausgetrocknet. Kurzum, du hast einen rassigen Kater!

Wie schön wäre nun ein Katerfrühstück! Alleine der Gedanke an die Zubereitung desselben erhöht das Pochen im Kopf. Habe ich überhaupt was im Kühlschrank?

Nun kommt die Side-Hustle-Idee: Wir haben sie Kater-Katering genannt, angelehnt an das Original, die Hangover Helpers, ein Unternehmen in Colorado.[56] Die Hangover Helpers sind zwei Jungs, die nach einer Party zu dir nach Hause kommen und neben einem Katerfrühstück auch noch so eine Art After-Party-Aufräum-Service anbieten.

Dieses Nebeneinkommen beschränkt sich erstmal nur auf den Frühstücksservice. Wobei man selbstverständlich auch gerne zusätzlich einen Aufräumservice mit anbieten kann.

FUN FACT: Was hilft eigentlich beim Kater?

Tomatensaft trinken!

Man hört oft, dass man Gatorade trinken soll, aber eine viel gesündere Alternative ist Tomatensaft. Du brauchst Flüssigkeit zur Rehydrierung. Tomatensaft hat einen hohen Natrium- und Kaliumgehalt und hilft so, die Elektrolyte wieder aufzufüllen.

Iss einige Zitrusfrüchte!

Alkohol wirkt harntreibend, das heißt, er entzieht deinem Körper Vitamine und Mineralien, während du dich betrinkst. Wenn du also weißt, dass eine Party ansteht, ist es eine gute Idee, deinen Kühlschrank mit Zitrusfrüchten wie Orangen, Clementinen und Grapefruits zu füllen. Und warum? Die Antioxidantien des Vitamins C helfen bei den Schäden durch freie Radikale, die der Alkohol verursacht.

Bananen essen!

Eine Banane ist nicht nur ein toller Snack nach einem Marathonlauf, sondern auch eine gute Wahl, wenn man einen Kater hat. Bananen enthalten viel Kalium und der Zucker hilft, den Blutzuckerspiegel zu erhöhen.

Wer Kater-Katering anbietet, sollte also ein spezielles Frühstücksmenü für den Tag danach erstellen. Je frischer die Zutaten und die Zubereitung, desto hochpreisiger kannst du es anbieten. Gerade in Großstädten sollte diese Art von Catering sehr gut funktionieren. Kooperationen mit Lieferdiensten wie Flink oder Gorilla würden den Ablauf erleichtern.

Auch als Geschenkidee ist das Kater-Katering perfekt geeignet. Diese Dienstleistung eröffnet Kooperationsmöglichkeiten mit Hochzeitsplanern und Eventagenturen, die es vielleicht cool fänden, einen witzigen Zusatzservice in ihr Portfolio aufzunehmen.

Erste Schritte:

1. sich zwei, drei verschiedene Menüs für den Kater überlegen
2. sich eine Webpräsenz aufbauen
3. nach Kooperationspartnern im Eventbereich suchen

Luftnummer: Bringe frischen Wind in die Wohnzimmer!

»Geld ist wichtig, Luft zum Atmen lebenswichtig.«

Karin Büchel[57]

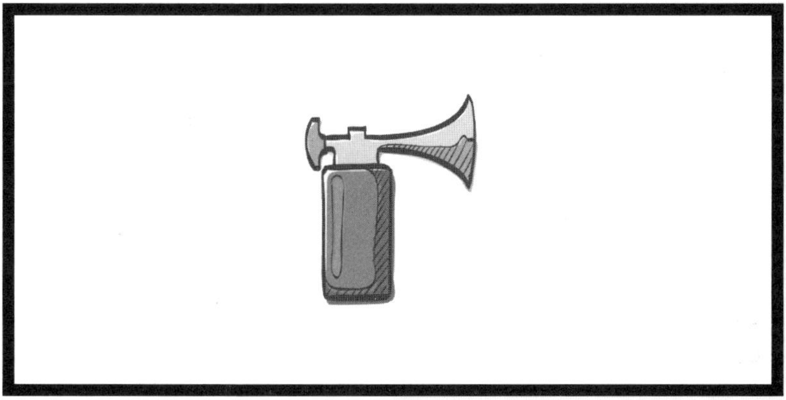

Startvoraussetzungen: Unternehmergeist
Persönlichkeit: offen für ungewöhnliche Ideen
Skills: gute Nase, Logistik- und Vertriebserfahrung
Vorteile: Duft der weiten Welt

In Kanada gibt es ein Unternehmen, das abgepackte Luft aus den kanadischen Rocky Mountains in die ganze Welt, vorwiegend nach China, verkauft. Angefangen hat dieses Business als Wette unter Freunden. Die beiden Gründer in spe haben Bergluft verpackt und auf eBay angeboten und waren total überrascht, dass Leute über 100 Dollar für ihre Luft boten. Anfangs füllten sie die heimische Luft in einfachen Plastiksäcken ab und wurden damit zum viralen Hit auf Social Media. Die beiden Jungs, die einen Nine-to-five-Job in der Finanzbranche hatten, entschieden sich irgendwann, daraus ein Geschäftsmodell zu machen.

Mittlerweile hat der hohe Absatz von »Luftkonserven« in China dazu geführt, dass zahlreiche Geschäftsleute auf dieses Geschäft aufmerksam geworden sind. Aus dem viralen Hit ist ein valides Geschäft geworden.

Eigentlich hat jeder Mensch ein Recht auf frische, saubere Luft, aber das ist aufgrund des Standorts leider nicht immer möglich. Welche Blüten dieses Geschäft treibt, zeigt auch, dass während der Fußball-WM 2006 findige Side Hustler die Stadionluft aus Dortmund verkauft haben.[58]

Die größte Herausforderung – dies wollen wir hier nicht verheimlichen – ist, die bestmögliche Luft zu finden und diese einzufangen. Bei der Auswahl der Luftquelle können wir dir vielleicht etwas helfen: Die meisten werden wissen, dass die Luft in den Bergen von guter Qualität ist, da sie eine hohe Konzentration an negativen Sauerstoffionen aufweist und weniger verschmutzt ist.

Die Qualität der Gebirgsluft ändert sich jedoch je nach Tageszeit. Nach Ansicht von Fachleuten ist die Luft eine halbe Stunde nach Sonnenaufgang bis etwa 10 Uhr am frischsten. Zu dieser Zeit ist der Gehalt an Sauerstoff und negativen Ionen in der Luft höher.[59] »Dazu rückt der Unternehmer in aller Herrgottsfrühe mit Kompressor und Gasflaschen aus. Zwischen 4.30 und 9 Uhr morgens sei die Luft am besten, erklärt er.«

Es gibt aber kaum einen besseren Ort für das Sammeln von Luft als Seeuferzonen. Der Grund: Das Wasser des Sees setzt negative Sauerstoffionen frei und neben dem See herrscht eine einzigartige Luftfeuchtigkeit, die die Luftqualität weiter verbessern kann. Es liegt auf der Hand, dass ein klarer, sauberer See in den Bergen besser ist als ein verschmutzter See im urbanen Raum.

Die Frage des Befüllens können wir an dieser Stelle nur vage beantworten: Du brauchst dazu einen ölfreien Kompressor, der speziell für Atemluft geeignet ist, so wie Taucher ihn haben. Die

Dosen müssen, da die Luft ja komprimiert wird, einem gewissen Druck standhalten können.
Erste Schritte:

1. die besondere Luft finden
2. einen Versuchsballon über eBay anbieten
3. anschließend eine Möglichkeit finden, in größerem Stil zu produzieren

TEIL 3:

WAS ES SONST NOCH ZU BEACHTEN GIBT

WERDE JETZT ZUM FEIERABENDBOSS!

Wenn du so weit gelesen hast, bist du also auch der Meinung, dass ein Side Hustle eine gute Sache ist. Ob es darum geht, die Rentenlücke zu schließen, schneller finanziell frei zu werden oder einfach nur darum, sich auszuprobieren und den Alltag etwas abenteuerlicher zu machen – Nebeneinkommen sind wie ein Schweizer Taschenmesser und können verschiedene Funktionen im Leben erfüllen.

Natürlich wäre es großartig, wenn das Konzept des Side Hustles auf dem Stundenplan stünde oder zumindest als AG am Nachmittag angeboten würde. Da dies in unserem altmodischen, behäbigen Bildungssystem aber kaum geschehen wird, können wir nur unser Bestes tun, dieses Thema außerhalb der Schule bekannter zu machen. Vielleicht habt ihr ja Lust, uns dabei zu unterstützen, indem ihr dieses Buch weiterempfehlt.

In unserem Podcast Nein2Five haben wir immer wieder Menschen zu Gast, die ihre individuelle Side Hustle Story erzählen. Der jüngste Interviewpartner war gerade mal 17 und die älteste 82 Jahre alt. Nebeneinkommen kennen wirklich kein Alter! Wir haben Kellner, Piloten, Musikproduzenten, Models, Hochschuldozenten, Journalisten und Urologen mit Side Hustles interviewt, Schüler, Studenten und Senioren. Lass dich nicht einschüchtern oder einschränken. Jeder kann ein Feierabendboss werden!

Wir sind immer wieder erstaunt, wie beiläufig, geradezu banal, die Anfänge oft waren. Da gibt es selten Businesspläne oder geschliffene Konzepte. Oft ist es nur eine kleine Idee, die einfach mal ausprobiert werden wollte. Das ist das Stichwort: Probieren geht einfach immer über Studieren! Nebeneinkommen sind keine akademische Übung und auch nichts, was man mit seinen Freunden stundenlang durchdiskutieren muss. Einfach machen. Schritt für Schritt. Wenn etwas nicht klappt, sich fragen, woran es gelegen hat und dann etwas Neues ausprobieren. Irgendwann wird sich der Erfolg einstellen. Ganz sicher.

Die allermeisten Erfolgsgeschichten sind gepflastert mit Versuchen, die in die Hose gegangen sind. Lernen funktioniert genau so. Der Vorteil bei Side Hustles ist ja, dass du die allermeisten Ideen, die wir dir vorgestellt haben, fast ohne Startkapital ausprobieren kannst. Im Gegensatz dazu ist die mögliche Rendite enorm. Fuck-You-Money ist am Horizont!

Also, lass dich doch von diesem Motto leiten: Entweder ich gewinne, oder ich lerne! Für einen Feierabendboss ist beides mehr als okay.

AUSWERTUNG DES SELBSTTESTS »IST EINE SELBSTSTÄNDIGKEIT ETWAS FÜR DICH?«

0 – 24
Leider scheint die Selbstständigkeit nicht dein Ding zu sein. Es ist aber auch nicht so tragisch, für jemand anderen zu arbeiten.

25 – 29
Leider scheinst du noch nicht ganz bereit zu sein, den Schritt in die Selbstständigkeit zu wagen. Du solltest zusätzliche Recherchen anstellen und diesen Test dann in ein paar Monaten erneut durchführen.

30 – 50
Du stehst an einer Weggabelung und kannst dich jetzt so oder so entscheiden. Warum versuchst du nicht, diesen Test in ein oder zwei Monaten noch einmal zu machen? Lies dieses Buch in der Zwischenzeit, vielleicht inspirieren dich unsere Side Hustles.

51 – 74
Du erwärmst dich definitiv für die Idee, deine eigenen Unternehmungen zu starten. Erwäge, dein eigenes Start-up oder Sidebusiness in naher Zukunft zu gründen, aber stelle sicher,

dass du deinen Nine-to-five-Job behältst, bis du dein neues Unternehmen gut im Griff hast.

75 und mehr
Du bist absolut bereit, eine Selbstständigkeit zu starten! Du musst dich nur entscheiden, ob du deinen Tagesjob direkt aufgeben oder schrittweise in deine Unternehmung einsteigen möchtest.

MARKETING 101 FÜR SIDE HUSTLER

Das Thema Marketing zieht sich wie ein roter Faden durch dieses Buch. Fast bei jeder der 33 Side-Hustle-Ideen gehört die Vermarktung zu den ersten Schritten, die wir vorschlagen. Immer wieder empfehlen wir euch, einen Account bei Google My Business (GMB), neuerdings Google Business Profiles, anzulegen. Auch eine eigene Website wird für viele Side Hustles ein Gamechanger sein.

Anmerkung: In dem Kapitel »Lockdown-Lektionen« sprechen wir über die Bedeutung einer eigenen Website. Sie ist dein Eigenheim, wohingegen Social-Media-Konten nur Mietwohnungen ohne Mieterschutz sind.

Wer einen schnellen Einstieg in seinen Side Hustle sucht oder vielleicht nur einen Testballon starten möchte, der kann ruhig mit einer Facebook-Fan-Page oder einem GMB-Eintrag beginnen. Mittelfristig kann man dann immer noch aufrüsten und seine eigene Webpräsenz etablieren.

Die folgenden Marketing-Maßnahmen sind als Büfett zu sehen. Nimm dir das, was dir schmeckt, und ignoriere den Rest. An manchen Stellen steigen wir auch tiefer in die Materie ein. Dann können wir nicht vermeiden, Fachjargon zu benutzen. Es würde den Rahmen dieses Buches sprengen, alle Fachbegriffe zu erklären. Google-Suchen spucken aber schnell vernünftige Erklärungen aus und so kann jeder für sich entscheiden, wie tief er in diese Welt eintauchen möchte.

Prime Real Estate: die eigene Website, der eigene Blog

Eine eigene Website ist für die Markenbildung und Unabhängigkeit von entscheidender Bedeutung. Dabei spielt es keine Rolle, ob wir über eine reine HTML-Site, eine E-Commerce-Site oder einen Blog reden. Du solltest nur sicherstellen, dass du die Rechte an den Inhalten der Website besitzt und dass alle Aktivitäten für deinen Side Hustle dort zusammenlaufen.

Bevor du loslegst, überlege dir, welche Art von Website du haben möchtest, wie oft du den Inhalt aktualisieren wirst und welcher Typ von Domain-Name deine Marke am besten repräsentiert.

Domänenname: Dein Kind braucht einen Namen

Es ist essenziell, einen griffigen Domänennamen zu wählen. Verzichte auf Bindestriche, da diese die Leute abschrecken können und die Tippfehlerquote erhöhen. Ein Domainname mit drei Wörtern ist eine gute Wahl, da die meisten aus zwei Wörtern bestehenden bereits vergeben sind. Ergatterst du einen kürzeren Domänennamen, ist es umso besser.

Du solltest einen Top-Level-Domänennamen wählen und nicht eine Website, die dir eine Subdomäne (meinsidehustle.allerweltsserver.de) auf einem Server zur Verfügung stellt. Das gibt deiner Marke ein professionelles, wertiges Image und hilft deinen Neukunden, sich besser an sie zu erinnern.

Ein Name, der auf Anhieb vermittelt, worum es bei deinem Sidebusiness geht, ist optimal. Wenn er zusätzlich auch noch originell, witzig oder sympathisch ist, umso besser. Die Königsdisziplin ist ein das Business beschreibender Markenname, den Konsumenten sofort abspeichern. Ein Name, der gut und leicht in Erinnerung bleibt. Burger King ist so ein Name: beschreibend, einfach und einprägsam. Hüte dich vor komplizierten, unaussprechlichen oder hyper-cleveren Namen.

Unbezahlte Werbung: Wir sind WordPress-Fans!

Nachdem du ein Hosting-Unternehmen ausgewählt hast, musst du dich entscheiden, welche Art von Website du erstellen möchtest, um deinen Side Hustle im Internet zu vermarkten. Wenn du ein professioneller Berater oder Freiberufler bist, ist ein Blog eine gute Möglichkeit, sich anderen online vorzustellen.

WordPress Hosting: eine Auswahl der besten Hoster

Bluehost
https://www.bluehost.com/

DreamHost
https://www.dreamhost.com/

1&1
https://www.1und1.de/

One.com
https://www.one.com/de/

All-inkl.com
https://all-inkl.com/

Strato
https://www.strato.de/hosting/wordpress-hosting/

Host Europe
https://www.hosteurope.de/

Blogs sind im Laufe der Jahre so ausgereift, dass auch viele Unternehmenswebsites Blogs für ihre Inhalte nutzen.

Du kannst mit deinem Hosting-Paket ganz easy eine Kopie von wordpress.org auf deine neue Website installieren lassen. Dabei steht dir eine riesige Auswahl von sogenannten Themes zur Verfügung. Themes sind vorgefertigte Designs, die deiner neuen Webpräsenz einen professionellen Look verleihen. Für WordPress gibt es viele kostenlose Themes, aber auch Designvorlagen, für die du dein Portemonnaie aufmachen musst.

Hier sind Themes zu finden

WordPress.org Theme Directory
https://wordpress.org/themes/

Astra
https://wpastra.com/

Elegant Themes Divi
https://www.elegantthemes.com/gallery/divi/

StudioPress
https://www.studiopress.com

CSSigniter
https://www.cssigniter.com/themes/

Themify
https://themify.me/

Studiopress
https://www.studiopress.com/themes/

Wem dieses Prozedere zu kompliziert ist, der kann es noch einfacher haben. Anbieter wie Wix verkaufen Baukastensysteme, die sehr intuitiv arbeiten und es nochmal einfacher machen als WordPress. In der Regel sind solche Baukästen etwas teurer, dafür bist du mit deinem Side Hustle aber auch schneller online. Wir haben selbst viele WordPress-Seiten aufgebaut oder betreut und sind große Fans. Neulich haben wir zum ersten Mal Wix genutzt und sind mit dem Ergebnis auch sehr zufrieden. Mit Wix kann im Grunde jeder, der ein Smartphone bedienen kann, eine Website bauen. Bei Fragen unterstützt der wirklich gute Customer Service am Telefon.

Plan B: Unternehmensprofil bei Google

Wer die Kosten und Mühen für eine eigene Website scheut, dem legen wir als Alternative Google My Business (GMB), neuerdings Google Business Profiles (GBP), ans Herz. Auch allen, die bereits eine Website für ihr Sidebusiness haben, empfehlen wir dieses kostenlose Tool sehr.

Mit GMB können Geschäftsinhaber gestalten, wie ihr Unternehmen in der Google-Suche und bei Google Maps erscheint. Wenn potenzielle Kunden eine Google-Suche starten, sehen sie eine Karte und eine Liste mit drei lokalen Einträgen, die üblicherweise in räumlicher Nähe zum Suchenden sind.

Dies wird im Jargon als Local 3-Pack bezeichnet. Wenn jemand mit dem Smartphone sucht und dein Laden dort erscheint, bist du auf der digitalen Haupteinkaufsstraße. Bestlage! Im Idealfall wird schon an diesem Punkt eine Kaufentscheidung zu deinen Gunsten getroffen. Wenn dein Dog Walking Service also im Local 3-Pack auftaucht, hast du die Poleposition im Rennen um den Kunden.

Zu den wichtigsten Informationen, die ein Side Hustler hier präsentieren kann, gehören der Name des Geschäfts, die Kategorie, Adresse, Öffnungszeiten, Telefon, Webseiten, Termine, Bewertungen, Fotos, Videos, Fragen und Antworten, Produkte, Dienstleistungen und eine prägnante Kurzbeschreibung des Unternehmens.

Das Google-Unternehmensprofil ist in unseren Augen nicht mehr optional, sondern ein wesentlicher Bestandteil der Online-Präsenz eines jeden Unternehmens und oft der erste Ort, an dem Kunden nach aktuellen Informationen über dein Unternehmen suchen. Im Zeitalter von Covid-19 ist dies mehr denn je der Fall.

Wenn Kunden deine neuen Öffnungszeiten suchen oder dich anrufen möchten, kannst du darauf wetten, dass sie nicht die Gelben Seiten vom Speicher holen werden. Stattdessen werden sie den Namen deines Unternehmens googeln und auf der ersten Seite nach dir suchen. Wenn du dort nicht auf Anhieb auffindbar bist, werden sie sich umorientieren. Du bist wahrscheinlich raus.

Auch in einer Welt nach der Pandemie, in der Unternehmen in rasantem Tempo wieder eröffnet werden, ist es entscheidend, dass dein Google-Unternehmensprofil immer auf dem neuesten Stand ist. Andernfalls werden dir die Kunden weglaufen.

Wenn wir dich immer noch nicht davon überzeugen konnten, dass dein Google-Unternehmensprofil spielentscheidend sein kann, dann schaue dir bitte diese Liste an:

- Ein vollständiger Eintrag kann das lokale SEO-Ranking eines Unternehmens im Alleingang verbessern.
- Google Business Profiles verfügt über eine Google-Maps-Integration, die es einfacher macht, dein Unternehmen in der

weltweit meistgenutzten mobilen Karten- und Wegbeschreibungsapp zu finden.
- Über die Direkt-Messaging-Option können Interessenten unkompliziert Nachrichten an dich senden.
- Die so wichtigen Kundenrezensionen werden gleich unter deinem Profil angezeigt und schaffen Vertrauen in deinen Side Hustle.

Der nicht zu leugnende, relative Rückgang von Bewertungsapps wie Yelp oder TripAdvisor trägt dazu bei, Google Business Profiles zu neuen Höhen zu treiben. Wir stellen in unserer Praxis immer wieder fest, dass Kunden eher Google Business Profiles als andere Plattformen nutzen, um Meinungen und Bewertungen über dein Unternehmen einzuholen.

Wer sich als Side Hustler also die Mühe macht, sein Business bei GMB detailreich zu beschreiben und für gute Rezensionen sorgt, sticht schnell heraus, denn dieses Tool wird erstaunlicherweise von vielen Unternehmern noch völlig unterschätzt.

Die Ereignisse der letzten zwei Jahre haben GMB ins Rampenlicht des digitalen Marketings katapultiert. Während früher die Geschäftszeiten stabil und vorhersehbar waren, ändern sich diese durch Anordnungen der Behörden in kafkaesker Weise und teilweise über Nacht. Folglich solltest du in der Lage sein, alle Änderungen in deinen Arbeitszeiten und Gesundheitsprotokollen per Knopfdruck an alle Kunden zu kommunizieren.

Lokale Suchmaschinenoptimierung (SEO): von Snack-Packs und Zero-Klick-Suchen

Knapp die Hälfte aller in diesem Buch präsentierten Side Hustles haben einen regionalen Bezug. Kater-Katering, Smartphone-Schulungen und Bikewashing werden vor Ort betrieben. Auch die überregionalen Geschäftsmodelle können von einer lokalen Suchmaschinenoptimierung profitieren. Es kann eine Strategie sein, lokal zu beginnen und sich dann regional immer weiter auszudehnen.

Lokale Suchmaschinenoptimierung spielt eine wichtige Rolle, um dein Unternehmen für Kunden vor Ort sichtbar zu machen. Wenn ein Benutzer zum Beispiel nach dir als Klavierstimmer oder Messerschleifer sucht, werden dem Suchenden die Suchergebnisse angezeigt, die vom Profil her am besten zu seiner Suchanfrage passen. Interessant hierbei ist: Google zeigt diese Ergebnisse in Dreiergruppen an, das sogenannte 3-Pack, Three-Pack oder auch Snack-Pack, wenn es sich um die Gastronomie dreht. Wenn du zum Beispiel nach »Babysitter in meiner Nähe« oder »Babysitter [Ort]« suchst, spuckt dir Google ein Ergebnis mit den drei besten Babysittern in deiner Umgebung aus.

Bei der Anzeige der Ergebnisse für das Three-Pack sucht Google nach drei Ranking-Faktoren, nämlich:

- Relevanz: wie gut das Profil eines lokalen Geschäfts mit der Suchanfrage übereinstimmt
- Entfernung: die Nähe des Suchenden zum Standort des Geschäfts
- Prominenz: wie bekannt ein Geschäft ist

46 Prozent aller Suchanfragen bei Google sind lokaler Natur. Wenn lokal gesucht wird, erscheint das Local 3-Pack in 93 Prozent der Fälle ganz oben auf der Ergebnisseite.[60]

Ein weiterer wichtiger Punkt ist die Zunahme der Zero-Click-Suchen. Die Suchanfragen, die direkt auf der Suchergebnisseite beantwortet werden, also keinen Klick mit Weiterleitung zu einer externen Website nach sich ziehen. Bereits 50 Prozent der Suchanfragen werden heute ohne einen einzigen Klick gelöst.[61] Das bedeutet, dass der Suchende nicht über die SERPs hinausschaut, um Antworten auf seine Fragen zu finden. Diese Bequemlichkeit und Klickfaulheit der Kunden führt bei vielen Unternehmen dazu, dass die eigentliche Website immer weniger besucht wird.

Da Zero-Click-Suchen auf dem Vormarsch sind, erhöht die Aufnahme deines Side Hustles in das Local 3-Pack deine Sichtbarkeit massiv. In Zeiten wie diesen, in denen Verordnungen den unternehmerischen Alltag bestimmten, sollte der Aufbau deiner lokalen Präsenz ganz oben auf der Liste stehen. So bleibst du agil und kannst tagesaktuell reagieren.

Übrigens besuchen die Hälfte der Google-Nutzer ein Geschäft noch innerhalb desselben Tages, an dem sie das Unternehmen in der lokalen Suche entdeckt haben. Fast 80 Prozent der lokalen Suchen führen zu Konversionen![62] Das sind berauschende Zahlen!

Viele Zeitgenossen nutzen Kartenanwendungen, wie zum Beispiel Google Maps und Branchenverzeichnisse, um Restaurants, Autowaschanlagen oder Frisöre zu finden, und besuchen dazu nicht einmal deren Website. Aktuelle und attraktive Informationen in diesen digitalen Verzeichnissen zu haben, kann dir eine Menge Neugeschäft einbringen, manchmal sogar mehr als die eigene Website.

Google legt großen Wert auf das User Experience (UX). Hiermit zielt Google darauf ab, den Nutzern alle Informationen auf einen Blick zu liefern.

Als stationäres Geschäft bist du auf tatsächliche Besucher an deinem Standort angewiesen, um Umsatz zu generieren. Ob als Café, als Hundefriseur oder auch als Side Hustler mit Büro oder Verkaufsfläche.

Das Erscheinen im Google-Local-Pack ist so wichtig, weil es mehr Laufkundschaft bedeutet, was wiederum mehr Geschäft bedeutet. In den letzten zwei Jahren sind die mobilen Suchanfragen »in meiner Nähe« um bis zu 200 Prozent gestiegen. Über 50 Prozent dieser Suchanfragen führen zu einem Besuch in deinem Ladengeschäft[63], da Google-Nutzer dem Dreierpack mehr vertrauen als Anzeigen oder sogar den »normalen« Suchergebnissen auf der Seite 1 von Google.

Ein Google-Local-Pack-Eintrag enthält wichtige Geschäftsinformationen, nach denen ein Nutzer bei einer lokalen Suche suchen könnte. Dazu gehören:

- Telefonnummer
- Geschäftsadresse
- Bewertungen
- Preisspanne
- Öffnungszeiten
- Link zur Website
- Standort auf der Karte
- Wegbeschreibung

Google-Business-Profile sind nicht das Allheilmittel, aber in unseren Augen schon so etwas wie eine Wunderwaffe im Marketingarsenal. Die militante Rhetorik möge man uns nachsehen.

Es folgen drei Tipps, mithilfe derer du dein Unternehmen so präsentierst, dass es im begehrten Google-Dreierpack auftaucht:

1. **Optimiere dein Google-Business-Profil erbarmungslos**
   Wie gesagt, dein Profil ist die erste und immer häufiger letzte Anlaufstelle deiner hoffentlich neuen Kunden. Entweder du gewinnst sie an Ort und Stelle für dich und deinen Side Hustle, oder du wirst sie wahrscheinlich nur noch von hinten sehen.
   Durch die konsequente Optimierung des Profils hast du die Chance, auch außerhalb deiner Website präsent zu sein und zusätzliche Konversionen zu erzielen. Gib deinen Kunden

Einblicke in deine Welt, versorge sie mit Fotos, Videos und freundlichen, einladenden Texten.

Fülle alle Felder soweit es geht aus, nehme dir wirklich die Zeit, so viele Details wie möglich zu liefern. Diesen Extraschritt werden die meisten Konkurrenten nicht gehen und dein Profil wird von Google automatisch höher bewertet. Hier gilt das spießige Motto: »Ohne Fleiß keinen Preis!«

2. **Mache deine Website reaktionsfähiger**

   Google legt einen hohen Wert auf UX. Bereits im Jahr 2015 veröffentlichte Google ein Update mit dem Namen »mobile-friendly update«[64], durch das mobil-responsive Websites einen massiven Schub in den Rankings erhielten.

   Im November 2021 machten mobile Nutzer über 53,9 Prozent des gesamten Internetverkehrs aus.[65] Es ist also kein Wunder, dass »Mobilfreundlichkeit« ein Rankingfaktor im Google-Dreierpack ist.

   Eine responsive Website ist eine, bei der

   - Texte, Bilder und Videos schnell geladen werden,
   - Webseiten sich an den Bildschirm des Nutzers anpassen, unabhängig vom verwendeten Mobilgerät,
   - alle Animationen einwandfrei geladen werden,
   - das Navigieren zwischen den einzelnen Unterseiten einfach ist.

   Wenn du deine Website responsive gestaltest, stärkt das die lokale Präsenz deines Unternehmens effektiv, was sich direkt auf dein Geschäftsergebnis auswirkt.

3. **Füge deinem Profil Bewertungen hinzu**

   In der Marketingpsychologie gibt es das Konzept des Social Proof. Wenn genug Menschen sich für etwas entschieden haben, fühlen wir selber uns mit dieser Entscheidung auch besser. Rezensionen im Netz profitieren von diesem Phänomen. Es ist wirklich schwierig, sich dieser Macht zu erwehren, selbst wenn wir es durchschauen oder den Verdacht hegen, dass es sich um Fakes handeln könnte.

86 Prozent der Verbraucher geben an, dass sie Bewertungen für lokale Unternehmen lesen, während immerhin 15 Prozent sagen, dass sie Unternehmen ohne Bewertungen nicht vertrauen.[66] Kann es sich ein Gewerbetreibender da leisten, ein Profil ohne Rezensionen zu haben?

Bewertungen sind aber nicht nur der Hauptgrund, aus dem Fremde dir und deinem Business im Netz Vertrauen schenken. Rezensionen sind auch ein Ranking-Faktor in den Three-Pack-Listings. Google zeigt deine Bewertungen nicht sofort in den Three-Pack-Listen an. Es wird jedoch die Anzahl der Bewertungen angezeigt, die angeben, wie viele Menschen deinem Unternehmen vertrauen.

Hier noch ein paar Statistiken: 84 Prozent der Verbraucher vertrauen Online-Bewertungen und behandeln sie genauso wie persönliche Empfehlungen. 82 Prozent der Konsumenten vertrauen Unternehmen mit weniger als drei Sternen nicht.

Google möchte Suchende nicht zu Scharlatanen schicken, daher können gute Bewertungen dazu beitragen, dass sich dein Sidebusiness von den schlechten abhebt. Wenn du gute Bewertungen hast, ziehst du automatisch mehr Leute auf deinen Eintrag, was die Besucherzahlen erhöht. Steigere deine Glaubwürdigkeit, indem du die Anzahl deiner guten Online-Bewertungen erhöhst.

Wir selber haben die Erfahrung gemacht, wie stark der Einfluss von guten Rezensionen ist. Auch wenn es anstrengend und manchem vielleicht auch etwas unangenehm ist, Kunden nach Bewertungen zu fragen, lohnt es sich enorm.

Wenn wir eine einzelne Maßnahme benennen müssten, die mit relativ wenig Aufwand dein neues Business nach vorne bringt, dann wären es Rezensionen. Sie sind konkurrenzlos in ihrer Effektivität.

Local-SEO-Checkliste

Diese Checkliste soll als übersichtliche Referenz bei der Durchführung eines SEO-Audits deiner Website dienen. Die Tipps und Tricks, die wir dir hier verraten, werden dir helfen, deine Online-Konkurrenz in Schach zu halten und deinem Side Hustle das nötige Momentum zu verleihen!

Die Keyword-Recherche für lokales SEO unterscheidet sich etwas von der normalen Keyword-Recherche, wie wir sie zum Beispiel vom Blogging oder Affiliate-Marketing kennen.

Wir suchen gezielt nur nach Suchanfragen im Einzugsgebiet deines Start-ups und deiner Kunden.

Die Checkliste für lokale Schlüsselwörter:

- Beschreibung der Geschäftsnische + Standort
  »Gärtner in Köln«
  »Elektriker in Ehrenfeld«
  »Abendessen in Köln-Rodenkirchen«
  »Tacos in Bonn«
- Liefern deine Suchbegriffe, wenn du sie selber bei Google eintippst, lokale Ergebnisse?
- Hast du Googles »Verwandte Suchanfragen« verwendet?
- Hast du einen Keyword-Planer verwendet?

Die On-Page-Checkliste für lokales SEO!

Dieser Abschnitt ist all den Dingen gewidmet, die du auf deiner Website benötigst, um online besser gefunden zu werden.

Hinweis für WordPress-Nutzer: Die meisten der technischen und Markup-Fragen in diesem Abschnitt werden automatisch erledigt, wenn man die Plugins installiert, die später in unserem Leitfaden empfohlen werden.

Der erste Schritt besteht immer darin, den eigentlichen Content deiner Website schick zu machen.

☐	Enthält deine Startseite einen schönen Werbetext mit mindestens 500 Wörtern Umfang? Tauchen in dem lesenswerten Text auch deine Schlüsselwörter regelmäßig auf?
☐	Sind auf jeder weiteren Seite mindestens 500 Wörter Text enthalten?
☐	Hast du alle Rechtschreib- und Grammatikfehler ausgemerzt?
☐	Wird dein wichtigstes Schlüsselwort in der URL der Seiten verwendet?
☐	Hast du eine vollständige Datenschutzerklärungen erstellt?
☐	Bist du sicher, dass keine doppelten Inhalte online sind? Das kostenfreie Tool Copyscape ist hierbei hilfreich. https://www.copyscape.com/
☐	Haben alle Titel-Tags 65 Zeichen oder weniger?
☐	Haben alle Meta-Beschreibungen zwischen 90 und 155 Zeichen oder weniger?
☐	Hast du deine Seiten untereinander verlinkt, so wie zum Beispiel Wikipedia es macht?
☐	Verwendest du auf deiner Website Synonyme für dein Schlüsselwort? Beispiele für Synonyme für das Schlüsselwort »Zahnarzt«: »Zahnarzt« »Zahnmedizin« »Mundpflege«
☐	Ist dein Schlüsselwort im Titel enthalten?
☐	Steht die Heimatstadt deines Unternehmens im Titel-Tag?

☐	Steht der Ort des Unternehmens in der Überschrift?
☐	Stehen Ortsbezeichnungen deines Unternehmens im Inhalt deiner Seite?
☐	Steht der Heimatort des Unternehmens in der URL deiner Seite?

What the hell is Website-Markup?

Der nächste Abschnitt enthält alles, worauf du bei dem HTML deiner Website achten solltest. Wir müssen euch vorwarnen, ab jetzt wird es etwas technischer, und wir kommen leider nicht drumherum, Fachjargon zu benutzten.

Zunächst zu der Frage, was Markups sind. Ein einfaches Beispiel für Markup ist ein fett gedrucktes Wort, zum Beispiel **Feierabendboss**. In der Sprache des Internets, also in HTML, kann man diesen Effekt auf unterschiedliche Arten erzeugen. Eine Möglichkeit, dies in HTML zu erzeugen, wäre die folgende Schreibweise <b>Feierabendboss</b>. Die beiden Befehle vor und nach dem Wort Feierabendboss sind Markups. Im Grunde dienen Markups dazu, Inhalte auf einer Website mit Metainformationen anzureichern.

☐	Werden alle CSS und JavaScripts extern geladen?
☐	Hast du die Anzahl der CSS- und JavaScript-Dateien reduziert? Das Zusammenfassen von Dateien in eine einzige kann die Geschwindigkeit der Website dramatisch erhöhen!
☐	Enthalten alle Alt-Tags und Dateinamen deiner Bilder deine Schlüsselwörter?
☐	Enthalten alle Alt-Tags und Dateinamen deiner Bilder deine Stadt?
☐	Verwenden alle deine Seitenüberschriften H1-Tags?
☐	Sind alle Überschriften-Tags in der richtigen Reihenfolge (H1 ...H2 ... H3 ...et cetera)?
☐	Hast du eine xml-Sitemap erstellt?

☐	Hast du eine robots.txt-Datei eingerichtet?
☐	Ist der gesamte Text auf der Website durchsuchbar? • Flash-Intros und Inhalte werden von Google nicht indiziert. • In Bildern und Logos enthaltener Text wird von Google nicht indiziert.

Noch mehr technischer Kram

Sobald der Inhalt und das Markup deiner Website googlefreundlich gemacht wurde und für deine Schlüsselwörter optimiert ist, kommen wir zum nächsten Schritt. Wir werden Analysefunktionen hinzuzufügen und einige Tests durchführen, um zu sehen, an welchen Stellschrauben wir noch drehen sollten.

☐	Hast du Google-Analytics installiert? https://www.google.com/analytics
☐	Haben du die Webmaster-Tools von Google installiert? https://www.google.com/webmasters/tools/home
☐	Hast du die Webmaster-Tools von Bing installiert? http://www.bing.com/toolbox/webmaster/
☐	Hast du bei beiden Webmaster-Tools deine Website auf Fehler hin überprüft?
☐	Funktioniert deine Website sowohl für www- als auch für Nicht-www-URLs?
☐	Verfügt deine Website schon über einen Blog? Die meisten lokalen Unternehmen und Sidebusinesses bloggen nicht. So verpassen sie die Chance, durch einfache Blogeinträge auch für andere Schlüsselwörter zu ranken.
☐	Hält Google deine Website für mobilfreundlich? https://www.google.com/webmasters/tools/mobile-friendly/
☐	Hast du auf deiner Website Links zu deinen sozialen Netzwerken integriert? • Facebook • Twitter • Yelp • Foursquare

☐	Hast du nach fehlerhaften Links auf deiner Website geschaut? http://home.snafu.de/tilman/xenulink.html
☐	Hast du einen Geschwindigkeitstest mit Google durchgeführt? https://developers.google.com/speed/pagespeed/
☐	Hast du einen Geschwindigkeitstest mit Pingdom durchgeführt? http://tools.pingdom.com/fpt/

Die Off-Page-Checkliste für lokales SEO!

In diesem Abschnitt werden wir alle Off-Site-Faktoren durchgehen, die Google verwendet, um deine Website in seinem Index zu platzieren. Wir sprechen über soziale Medien und sogenannte Backlinks zu deiner Website.

Warnung: Suchmaschinenoptimierung hat sich in den letzten Jahren dramatisch verändert und alte Linkaufbau-Strategien funktionieren nicht mehr. Schlimmer noch, Google bestraft aktiv Websites, die diese Taktiken anwenden.

Verstaubte Taktiken, die du **vermeiden** solltest:

- Artikelmarketing
- Verwendung des gleichen »Anker-Keywords« in deinen Backlinks
- Verwendung von Inhaltsgeneratoren
- Overstuffing deiner Seite mit Schlüsselwörtern
- Verwendung von privaten Blog-Netzwerken (PBNs)
- Für Backlinks bezahlen
- Jeglicher Backlink-Service, der automatisierte oder massenhafte Anmelde-Tools verwendet

Solltest du dich dieser Sünden schuldig gemacht haben, dann musst du es Google schnell beichten. Dazu stellt der Gigant ein Tool zur Verfügung, mit dem du diese Links »desavouieren« kannst.

Im englischen Original verwendet Google das Verb »disavow«, soll heißen, dass Links zu deiner Website für ungültig erklärt werden.

https://www.google.com/webmasters/tools/disavow-links-main

Backlinks, Beiträge und Bewertungen

Durch Beiträge in sozialen Netzwerken und Verzeichnissen baust du deine Followerschaft auf und kreierst Backlinks. Bedenke bitte, dass Qualität vor Quantität kommen sollte. Das Motto ist immer »Compelling Content is King«. Für den Leser relevante, originelle Inhalte sind die Königsdisziplin. Es ist besser, einen solide recherchierten Artikel pro Woche zu posten als fünf oberflächliche.

Wenn du dein Unternehmen auf Plattformen gut präsentierst und regelmäßig relevante Inhalte anbietest, ist dies einer der schnellsten Wege, um in der lokalen Suche zu ranken.

Wichtig: Wenn es um soziale Medien und Bewertungsseiten geht, ist es elementar, auf jeden negativen Kommentar und jede Bewertung zu reagieren. Versuche im Zweifel, deine Emotionen so weit runterzukochen, dass du sachlich und lässig antworten kannst. In manchen Fällen kannst du so sogar erreichen, dass ein Kunde seine negative Kritik wieder entfernt.

Wir haben über die enorme Bedeutung von Rezensionen bereits in der Sektion über GMB berichtet. Da es uns so wichtig ist, hier noch einmal der Appell, deine Kunden zu Feedback zu ermutigen. Wenn zufriedene Kunden ihre Zufriedenheit »zu Papier bringen«, ist das für dich als Unternehmer und Mini-Unternehmer bares Geld wert.

Unterm Strich kannst du soziale Bewertungen/Kommentare/Shares als die neuen Backlinks sehen.

Hier ist unsere Liste von Verzeichnissen, Bewertungsseiten und Social-Media-Sites, die du für dein neues Unternehmen beachten solltest. Verwende bitte immer deinen Markennamen, wenn du ein neues Konto eröffnest. Wenn du als Dog Walkerin durchstarten möchtest und dein Service »Dog Gym« heißt, dann solltest du auf allen sozialen Plattformen so firmieren – also nicht mit deinem Klarnamen oder lustigen Namen wie doggy777.

- Twitter
  https://business.twitter.com/
- Facebook Fan-Page
  https://www.facebook.com/pages/create
- Yelp-Unternehmenseintrag
  https://www.yelp.de
- YouTube-Account
  http://www.youtube.com/
- LinkedIn Business-Page
  https://business.linkedin.com/de-de/marketing-solutions/linkedin-pages
- Google Unternehmensprofil
  https://www.google.com/intl/de_de/business/
- Pinterest
  https://business.pinterest.com/de
- Instagram
  https://business.instagram.com/

SEO-Werkzeuge für WordPresser

Wie schon erwähnt, sind wir WordPress-Fans und haben selbst schon rund ein Dutzend Websites mit WordPress aufgebaut. In diesem Abschnitt listen wir alle Plug-ins und Tools auf, die wir auch verwenden. Alle diese Tools sind kostenlos, mit Ausnahme des WordPress Theme Framework:

- Simple URLs
  https://wordpress.org/plugins/simple-urls/
- RB Internal Links
  https://wordpress.org/plugins/rb-internal-links/
- Yoast SEO
  https://yoast.com/wordpress/plugins/seo/
- W3 Total Cache
  https://wordpress.org/plugins/w3-total-cache/
- WP Online Backup
  https://wordpress.org/plugins/wponlinebackup/
- Image SEO Plugin
  https://wordpress.org/plugins/seo-image/
- Google Sitemap Generator
  https://wordpress.org/plugins/google-sitemap-generator/

Die meisten Design-Entscheidungen bei WordPress können sich auf das SEO auswirken. Negativ oder positiv. Um ein erstklassiges Ranking zu erzielen, empfehlen wir, ein Theme zu verwenden, das auf dem Genesis-Framework aufbaut. Es gibt auch andere SEO-optimierte Frameworks wie Woo Themes, aber wir empfehlen:
http://my.studiopress.com/themes/genesis/

Get social! Marketing über soziale Medien

Soziale Medien sind wohl der Höhepunkt des modernen Marketings. Sie sind mit unserem Alltag verwoben und im Gegensatz zu vielen anderen Kommunikationskanälen interaktiv. Sie geben dir die Lizenz, mit Interessenten in Kontakt zu treten. Sie geben dir den Raum, dein Expertenwissen zu teilen. Sie geben dir die Bühne, dich und deine Marke live und in Farbe zu präsentieren.

Du solltest gut überlegen, welche Plattform du für die Vermarktung deines Side Hustles nutzen möchtest. Schauen wir uns die vier populärsten Social-Media-Giganten für das Unternehmensmarketing an und prüfen wir, ob sie zu dir und deiner Side-Hustle-Idee passen könnten.

- **Instagram**
  Instagram ist eine visuelle Plattform, die es Designern, Künstlern und anderen visuell orientierten Unternehmen ermöglicht, sich zu entfalten. Du kannst deine Produkte ausstellen, Einblicke in das geben, was für dein Unternehmen wichtig ist, und ein jüngeres, dynamisches Publikum ansprechen.
  Geeignet für folgende in diesem Buch vorgestellte Side Hustles: Verkaufskünstler, T-Shirt-Design, Messerschleifer, Pilzcoaching, Kater-Katering, Luftnummer, Podcasting, People Modeling, Bikewash
- **Twitter**
  Twitter ist eine schnelllebige Plattform, auf der die meisten Inhalte in einem Strom von nicht enden wollenden Tweets untergehen. Es ist jedoch eine fantastische Plattform für den Kundenservice, da dort alle Anliegen sofort öffentlich besprochen werden können. Twitter-Marketing funktioniert besser mit regelmäßigen, täglichen Inhalten, mit denen sich die Menschen beschäftigen wollen – oder mit der direkten Ansprache von potenziellen Kunden, um ein Gespräch zu beginnen.
  Geeignet für folgende in diesem Buch vorgestellte Side Hustles: Behördenflüsterer, Virtuelle Assistenz, Social Media Manager, Scout für Immobilienmakler, Selfpublishing, Udemy und Co.
- **Facebook**
  Facebook ist ein Paradies für Pay-per-Click. Viele Menschen mögen jedoch keine Unternehmen in ihrem Facebook-Stre-

am sehen, insbesondere keine, die nur reine Werbebotschaften verbreiten. Es ist daher wichtig, Inhalte zu produzieren, die den Nutzern tatsächlich einen Mehrwert bieten.
Anmerkungen: Bekannte von uns haben eine sehr effektive Strategie entdeckt, um auf Facebook Geld zu verdienen. Sie traten bestehenden Facebook-Gruppen oder Communities bei. Wenn jemand dort eine Frage stellte, die das Fachgebiet (WordPress-Support, Podcast-Bearbeitung oder Facebook-Anzeigen) der Bekannten betraf, waren sie mit Rat und Tat zur Stelle. Freundlich, locker, unverbindlich.
Es dauerte nicht lange, bis sie zum Ansprechpartner Nummer eins für dieses Fachthema wurden. Die Mundpropaganda verbreitete sich rasch und diese Experten bauten ein florierendes Dienstleistungsgeschäft auf. Aus digitaler Nachbarschaftshilfe wurde so ein solides Sidebusiness.
Facebook ist als digitale Mega-Community für fast alle in diesem Buch vorgestellten Side Hustles denkbar.

- **YouTube**
  YouTube ist perfekt für Erklärungen und Entertainment. Unboxing-Videos, How-To-Videos, Interviews, Nachrichtenformate, Satire – auf YouTube sind viele verschiedene Genres erfolgreich. Gerade Side Hustler mit Expertenstatus, wie unser Cost Cutting Consultant, die WordPress-Installateurin oder der Pilzcoach, können auf YouTube groß rauskommen.

Auch wenn es verlockend sein kann, auf mehreren Hochzeiten zu tanzen: Wir raten dazu, auf einer, höchstens zwei Plattformen zu beginnen. Investiere etwas Zeit, um die Dynamik einer Plattform kennenzulernen. Schaue, wo deine Mitbewerber sich tummeln. Notiere dir, welche Formate gut ankommen. Benchmarking ist auch für Side Hustler okay!

Wenn dich unser Buch inspiriert hat, einen oder mehrere Side Hustles zu starten, dann haben wir unsere Mission erfüllt. Wir wünschen uns, dass immer mehr Menschen ihre finanzielle Zukunft in die eigene Hand nehmen. Je mehr Feierabendbosse wir haben, desto unternehmerischer wird unser Land. Wir sind überzeugt, dass das unsere Gesellschaft nur besser machen kann!

ÜBER DIE AUTOREN

Christian Schmid ist freier Texter, Podcaster und Autor. Er hat in New York City Schauspiel und Regie studiert und lebt heute im Belgischen Viertel von Köln.

Rubén Alvarez Barrera lebt ebenfalls in Köln und betreibt neben seiner Haupttätigkeit in einem deutschen Unternehmen als Co-Host mit Christian Schmid den *Podcast Nein2Five*, in dem er über Nebeneinkommen, Geschäftsideen und digitales Marketing spricht.

ANMERKUNGEN

1 Studie des Instituts YouGov im Auftrag von WeltSparen
2 https://www.handelsblatt.com/arts_und_style/lifestyle/tv-film/studie-zur-krimiserie-tatort-moerder-sind-meist-unternehmer-/19908462.html?ticket=ST-14336332-bKgvSWjlt3O7kF72Wl5P-ap4
3 https://nachrichten.idw-online.de/2021/09/30/volkswirtschaftliche-bedeutung-der-kleinen-und-mittleren-unternehmen-in-deutschland/
4 https://www.youtube.com/watch?v=iG9CE55wbtY
5 https://www.fidelity.de/professionelle-anleger/betriebliche-vorsorge/bav-im-ueberblick/vorsorge-im-wandel/
6 https://www.fidelity.de/professionelle-anleger/betriebliche-vorsorge/bav-im-ueberblick/vorsorge-im-wandel/
7 https://www.auswandern-handbuch.de/wie-hoch-ist-das-rentenniveau-in-europa-und-der-welt/
8 https://www.finanztip.de/abgeltungsteuer/
9 https://www.bpb.de/kurz-knapp/zahlen-und-fakten/soziale-situation-in-deutschland/61791/armutsgefaehrdungsquoten-von-familien/
10 https://www.destatis.de/DE/Presse/Pressemitteilungen/2022/01/PD22_005_611.html
11 https://www.instagram.com/spar.freak/?hl=de
12 https://www.destatis.de/DE/Presse/Pressemitteilungen/2019/07/PD19_265_122.html
13 https://www.dai.de/fileadmin/user_upload/210225_Aktionaerszahlen_2020.pdf, S.2.
14 https://www.onvista.de/news/allianz-aktie-in-2022-5-dividendenrendite-was-noch-504875689
15 https://www.spiegel.de/wirtschaft/der-superliefermarkt-a-bd9a205d-0002-0001-0000-000138749238?context=issue
16 Geht zurück auf die Bücher von Mihaly Csikszentmihalyi.
17 https://de.wikipedia.org/wiki/Scherenschleifer
18 https://zauberhafte-momente.com/hunde/
19 https://www.aphorismen.de/zitat/143274

20 https://www.ikea.com/de/de/files/pdf/d0/52/d052b4ac/tes_moebelhaendler.pdf, S. 21
21 https://www.handelsblatt.com/unternehmen/handel-konsumgueter/arbeitskraftvermittler-ikea-kauft-taskrabbit/20394844.html?ticket=ST-14899765-EMf5njgtgJufiq2ApZRO-ap4
22 https://www.gutzitiert.de/zitat_autor_liv_ullmann_thema_kleiderschrank_zitat_23722.html
23 https://gutezitate.com/zitat/140221
24 https://www.bbc.com/news/world-asia-india-38011407
25 https://www.nur-zitate.com/zitat/6816
26 https://www.myzitate.de/tammy-faye-bakker/
27 https://www.checker-academy.de/
28 https://nein2five.de/burnout-vs-nebeneinkommen/
29 https://www.finanzen.net/top_ranking/top_ranking_detail.asp?inRanking=1251&inPos=4
30 https://de.statista.com/themen/3086/wordpress/
31 https://nein2five.de/people-modeling/
32 https://www.aphorismen.de/zitat/125277
33 https://www.hotel-legenden.com/inspirierende-reisezitate/
34 https://www.zwovadis.de/zitate-fuer-erfolgreiche-immobilienmakler
35 Kleinanzeige in der *Schwäbischen Zeitung*
36 https://magazin.ivd-plus.de/tipp-provision/
37 https://dejure.org/gesetze/UWG/7.html, https://dejure.org/gesetze/UWG/4.html
38 https://dejure.org/gesetze/UWG/7.html
39 https://dejure.org/gesetze/BDSG/28.html
40 https://zitate-fibel.de/zitate/david-ogilvy-bei-einer-geschwindigkeit-von-100-km-h-ist-die-elektrische-uhr-das-lauteste-geraeusch-das-sie-in-diesem-neuen-rolls-royce-hoeren
41 Joe Rogan Podcast https://www.sportskeeda.com/mma/news-ufc-news-joe-rogan-seemingly-millions-listeners-tucker-carlson-fox-news-cnn
42 https://www.aphorismen.de/zitat/79934
43 https://gutezitate.com/zitat/197412
44 https://de.statista.com/statistik/daten/studie/303339/umfrage/umsatzanteil-von-e-books-im-buchmarkt/
45 https://kdp.amazon.com/de_DE/help/topic/G201834330 Kindle: https://kdp.amazon.com/de_DE/help/topic/G200644210
46 https://beruhmte-zitate.de/zitate/2078852-andy-warhol-geld-verdienen-ist-kunst-und-arbeiten-ist-kunst/
47 https://gutezitate.com/zitat/264592
48 https://de.getaround.com/trust
49 https://www.aphorismen.de/zitat/3130

50 Siehe: Kübler, Hans-Dieter/Burkhardt, Wolfgang/Graf, Angela: Ältere Menschen und neue Medien, a.a.O., S. 139
51 https://gutezitate.com/zitat/146889
52 https://de.statista.com/statistik/daten/studie/166338/umfrage/anzahl-der-schuldner-in-deutschland-seit-2004/
53 https://www.sidehustlenation.com/pet-waste-removal/
54 https://www.scinexx.de/news/biowissen/die-oekobilanz-eines-hundes/
55 https://gutezitate.com/zitat/139994
56 https://www.colorado.edu/business/2010/11/26/cu-boulder-grads-start-hangover-helpers-business
57 https://www.aphorismen.de/zitat/211184
58 https://www.sueddeutsche.de/wirtschaft/china-wegen-des-smogs-kaufen-chinesen-jetzt-luft-aus-kanada-1.2785427
59 https://www.heute.at/s/tiroler-verkauft-frische-luft-um-22-euro-pro-dose-45570942
60 https://www.go-globe.com/local-seo/
61 https://sparktoro.com/blog/less-than-half-of-google-searches-now-result-in-a-click/
62 https://www.webfx.com/local-seo/statistics/
63 Think With Google Research, https://storage.googleapis.com/think/docs/think-with-google-2019-research-review.pdf
64 https://raddinteractive.com/google-introduced-a-mobile-friendly-update/
65 https://www.oberlo.com/statistics/mobile-internet-traffic
66 Studie von BrightLocal https://www.brightlocal.com/research/local-consumer-review-survey/#local-business-review-habits